Umschlaggestaltung
Jay Golecki
Satz und Layout
Jay Golecki
Illustrationen
Jay Golecki

Gesamtherstellung
Dr. Cantz`sche Druckerei Medien GmbH, Esslingen

Printed in Germany
ISBN 978-3-942924-27-6

Webseite zum Buch
www.startup-code.de

Inhalt

Danksagung

Die Idee zu diesem Buch ist allmählich gereift. Viele Menschen hatten Anteil daran, dass die Idee immer konkreter wurde: Menschen in meiner direkten Umgebung wie meine Mitgründer bei Accelerate Stuttgart, Kathleen Fritzsche und Harald Amelung oder Menschen, die ich auf Reisen in die USA kennengelernt habe.

Überall habe ich Eindrücke gesammelt, Neues kennengelernt und Diskussionen geführt. Ich möchte mich bei allen dafür bedanken, dass sie ihre Gedanken so bereitwillig mit mir geteilt haben. Ganz besonders danke ich allen, die mir in Gesprächen, mit Vorträgen und Interviews dabei geholfen haben, mein eigenes Verständnis des Themas zu überdenken und zu vertiefen. Danke auch an die Blogger und Autoren der unzähligen Artikel und Bücher über Startups, die ich in den letzten Jahren gelesen habe, die meinen Horizont erweitert haben und mir Inspiration waren. Danke an die Startup-Gründer und Unternehmer, die ihre Erfahrung und ihr Wissen mit mir geteilt haben.

Dank gebührt auch Verleger Dr. Theo Breitsohl und dem Redaktionsteam des Unternehmermagazins „Die News", von deren Kontakten, Artikeln und Interviews ich profitieren darf.

Von ganzem Herzen möchte ich aber meiner wundervollen Frau danken, denn ohne ihre Unterstützung wäre das Buch nicht möglich gewesen. Ich liebe dich.

Vorwort von Vanessa Weber

Liebe Leserinnen,
liebe Leser,

ich bin Unternehmerin aus Begeisterung und Überzeugung. Mit 22 Jahren habe ich die Geschäftsführung unseres 1948 gegründeten Familienunternehmens übernommen. Keine leichte Aufgabe für eine junge Frau in einer traditionellen, männerdominierten Branche wie dem Werkzeughandel, doch ich habe sie gemeistert.

In Johannes Ellenbergs Buch finde ich die Dinge wieder, die ich auf meinem Weg von Startups gelernt habe, zum Beispiel mich über Grenzen hinwegzusetzen, neue Dinge auszuprobieren, nicht funktionierende Ideen auch einmal in die Tonne zu treten, mit begrenzten Ressourcen zurechtzukommen, Kunden und Mitarbeiter weiterzubringen, Erfolge mit ihnen zu feiern und jederzeit die Menschen in den Mittelpunkt zu stellen. Ich stimme ihm zu, wenn er schreibt, dass die digitale Transformation eine Kulturveränderung ist, die die Unternehmensführung vorleben muss. Das mache ich jeden Tag.

Auch wenn man nicht einfach den Schalter umlegen kann, sich die Arbeitsweisen nicht von heute auf morgen ändern und längst nicht alle mitziehen werden, möchte ich mittelständische Unternehmer ermutigen, die ersten Schritte zu tun, Startups einzuladen und Wege zu finden, wie man voneinander lernen kann. Bei Weber vergeben wir zum Beispiel ein Jahr lang kostenlos einen Büroraum an ein ausgewähltes Startup. Im Austausch erhalten wir einen Beitrag für Werkzeug Weber und erhoffen uns für unsere Mitarbeiter Einblicke in neue Arbeitsmethoden und Gedankenwelten.

Die Digitalisierung zwingt uns zur Veränderung, und der Markt schläft nicht. Johannes Ellenberg zeigt in seinem Buch, weshalb wir uns verändern müssen, wie wir uns verändern können und worauf es dabei ankommt. Man merkt, dass der Autor in der Startup-Szene und im

Mittelstand zuhause ist und weiß, was dem Mittelstand aktuell unter den Nägeln brennt. Das Buch inspiriert zum Handeln mit vielen Impulsen für neue Denkweisen und Vorschlägen für die Zusammenarbeit mit Startups. Lesen Sie das Buch und trauen Sie sich! Ich wünsche Ihnen viel Inspiration, viel Erfolg und gutes Gelingen bei der Umsetzung mit dem Startup Code.

Ihre Vanessa Weber,
Geschäftsführerin Werkzeug Weber, Aschaffenburg

Persönliches Vorwort des Autors

Liebe Leserinnen und Leser,

dieses Buch ist mir eine Herzensangelegenheit. Denn ich wünsche mir, dass Startups und ihre agilen Methoden nicht nur ein vorübergehender Hype bleiben, sondern als Mehrwert für die gesamte unternehmerische Landschaft anerkannt werden und selbst ihren Platz darin finden. Startups sind die Unternehmen der Zukunft, die wir brauchen, um weiterhin in Sicherheit, Frieden und Wohlstand leben zu können.

Der Mittelstand mit seinen zahlreichen Familienunternehmen, seinem Know-how und seiner Erfahrung kann sie auf diesem Weg begleiten, aber nur, wenn er den Mut hat, sich der Zukunft zu stellen – und die ist nun einmal digital.

2011 habe ich unter anderem zusammen mit Kathleen Fritzsche und Harald Amelung mit dem Verein StartUp Stuttgart e.V. eine Community für Gründer aus der Region ins Leben gerufen. Knapp ein Jahr später gründete ich gemeinsam mit Kathleen und Harald „Accelerate Stuttgart" als Digitalisierungs- und Startup-Hub für Baden-Württemberg.

Als Geschäftsführer von Accelerate unterstütze ich sowohl Startups als auch etablierte Unternehmen im Südwesten bei der Entwicklung digitaler Geschäftsmodelle und Innovations-Ökosysteme. Darüber hinaus begleite ich als Vortragsredner und Coach ausgewählte Unternehmen bei ihrer Transformation in die digitale Welt.

Die zahlreichen Projekte und Veranstaltungen der letzten Jahre, die Arbeit mit Mittelständlern und Startups haben mir gezeigt, dass sich der etablierte Mittelstand mit der Transformation schwer tut. Vielfach wird sie noch als Technologieprojekt betrachtet, doch das ist sie nicht, sondern ein tiefgreifender Kulturwandel – in den Unternehmen und in der Gesellschaft.

Die Zusammenarbeit mit Startups kann die Transformation erleichtern, allerdings herrscht in vielen Unternehmen Unklarheit darüber, wie die Zusammenarbeit aussehen und wie und was man voneinander lernen könnte. Die einen haben zu hohe Erwartungen, die anderen zu geringe. Viele wissen nicht einmal genau, was ein Startup ist.

Aber auch aufseiten der Startups gibt es einige falsche Erwartungen und Hoffnungen bezüglich der Arbeit mit den Etablierten. Und auf den Zusammenprall der Kulturen ist man weder bei den Etablierten noch bei den Startups vorbereitet, sodass manche vielversprechenden Projekte scheitern.

Mit diesem Buch möchte ich zum einen aufrütteln, denn eigentlich sind wir in Deutschland schon viel zu spät dran. Die besten Plätze sind schon von US-Firmen besetzt. Zum anderen möchte ich zu einem besseren gegenseitigen Verständnis beitragen, dem Mittelstand Startup-Kultur nahebringen und zeigen, wie die Zusammenarbeit funktionieren und was man sich von den Startups „abschauen" kann.

Der Startup Code im letzten Kapitel des Buches fasst die wichtigsten Erkenntnisse zusammen. Wenn es Ihnen, liebe Leserinnen und Leser, gelingt, diesen Code in Ihrem Unternehmen zu verankern, befinden Sie sich auf dem besten Weg in die digitale Transformation und bringen die besten Voraussetzungen für eine erfolgreiche Kooperation mit einem Startup mit – egal in welcher Form.

Die Welt wird sich verändern, und sie wird es mit hoher Geschwindigkeit tun. Ich wünsche Ihnen, dass Sie mit Ihrem Unternehmen zu denen gehören, die mithalten können und vom Hidden Champion zum Digital Hero werden.

Ihr Johannes Ellenberg

Welt im Umbruch –
die wichtigsten Fakten

> » Wir können den Wind nicht ändern,
> aber wir können die Segel richtig setzen.«
> *Aristoteles*

Schnelligkeit ist wohl eines der am häufigsten verwendeten Wörter, wenn es um die Marktdurchdringungszeiten, die Entwicklung von Unternehmen, Produkten, Dienstleistungen und neue Geschäftsmodelle geht. Das Rad dreht sich immer schneller, die Veränderungen, die wir erleben, sind immer tiefgreifender.

Doch unser Gehirn ist eine träge Masse und versucht stets, auf bekannten Pfaden zu bleiben, denn das kostet weniger Energie. Und die Zukunft stellen wir uns nun einmal linear vor. Deshalb haben wir zwar manchmal das Gefühl, dass alles schneller geht, aber wir erkennen es nur oberflächlich an. Wir versuchen, die Realität auszublenden oder an unsere subjektive Realität anzupassen.

Das sind die Fakten:

- Das Telefon brauchte 35 Jahre, bis es durch ein Viertel der Bevölkerung genutzt wurde. Das Smartphone brauchte dafür nur zweieinhalb Jahre. Das Handy, das etwa um die Jahrtausendwende so richtig Einzug in unser Leben hielt, wurde mit der Einführung des Smartphones zur Marginalie. Bereits 2013 wurden weltweit mehr Smartphones verkauft als Handys. Nokia und Motorola sind Geschichte.

- Das Radio wurde erst nach 31 Jahren von einem Viertel der Bevölkerung genutzt, der iPod bereits nach vier Jahren.

- Den Schwarz-Weiß-Fernseher nutzten 25 Prozent der Bevölkerung nach 26 Jahren; beim Farbfernseher dauerte es nur 18 Jahre; bei der DVD waren es noch fünf Jahre, und das 3D-Fernsehen brauchte gerade mal ein Jahr. Mittlerweile sind die meisten neuen Fernseher internetfähig.

- Kodak, 1892 gegründet, erzielte 1991 noch einen Umsatz von 19,4 Milliarden US-Dollar. Dann kam die Digitalfotografie. 20 Jahre später fiel die Kodak-Aktie unter einen Dollar. 2012 stellte das Unternehmen einen Insolvenzantrag.

- 2010 wurden laut Statista weltweit 1.227 Exabyte an Daten generiert, 2015 waren es 8.591 Exabyte, und 2020 werden es bereits 40.026 Exabyte sein (1 Exabyte = 1 Milliarde Gigabyte = 1 Million Terabyte).

Überflieger Smartphone – wie lange?

Das erste Smartphone erblickte in Gestalt des iPhone 2007 das Licht der Welt. Heute besitzen rund 50 Millionen Menschen in Deutschland ein Smartphone. Laut Statista werden bis 2020 voraussichtlich 2,6 Milliarden Menschen weltweit ein Smartphone nutzen. Während der Absatz von Smartphones in den letzten zehn Jahren exponentiell nach oben ging und 2016 in Deutschland bei 23,7 Millionen lag, waren Digitalkameras, Navigationssysteme und MP3-Player die großen Verlierer. Das Smartphone ersetzt sie alle.

1998 kamen die ersten MP3-Player auf den Markt. 2007 lag der Absatz in Deutschland noch bei rund neun Millionen Stück, 2016 waren es nicht einmal mehr eine Million. Fast zehn Millionen Digitalkameras wurden 2007 verkauft, zehn Jahre später nur noch knapp 1,7 Millionen.

Das Smartphone ist inzwischen unser liebstes Spielzeug, ein nützlicher Allrounder, der uns in jeder Lebenslage zur Seite steht. Wir bleiben mit anderen in Kontakt, haben die Fotos unserer Lieben immer dabei, verfügen über Zugang zu unserer Arbeit von unterwegs, spielen, hören Musik, überwachen unsere Fitness und unser Heim, schalten die Heizung an, machen Fotos und speichern alles in der Cloud.

Wir buchen Reisen, checken am Flughafen ein, gehen shoppen, bezahlen unsere Einkäufe im Laden, und manchmal telefonieren wir sogar. 88-mal am Tag schauen wir auf unser Smartphone. 30 Prozent der Deutschen haben sich zu Weihnachten 2016 ein Smartphone geschenkt. Smartphones und Tablets sind für über die Hälfte des weltweiten Internet-Traffics verantwortlich.

Doch auch mit dem Smartphone-Boom könnte es bald ein Ende haben. Analysten gehen sogar davon aus, dass in zehn Jahren Datenbrillen das Smartphone ersetzt haben werden. Zukunftsforscher Ian Pearson geht noch einen Schritt weiter: Er nimmt an, dass es in einigen Jahren nicht einmal mehr eine Brille sein wird, sondern Kontaktlinsen. Andere Forscher sehen eine „persönliche virtuelle Identität" kommen, die es uns ermöglicht, über jedes beliebige Gerät zu kommunizieren.

Grenzenloses Wachstum

Bei Entwicklungen wie dem Smartphone spricht man von exponentiellem Wachstum. Es tritt überall dort auf, wo die Digitalisierung, getrieben von Technologien wie Cloud Computing, Smart Grids, Nanotechnologie und Robotertechnik, eine Rolle spielt.

Exponentielles Wachstum lässt sich am besten im Vergleich mit linearem Wachstum darstellen. Lineares Wachstum ist sehr einfach: Die Entwicklung verläuft sehr gleichmäßig, sie wird grafisch in einer Geraden dargestellt. In einer bestimmten Zeit kommt immer die gleiche Menge zu etwas hinzu. In exponentiellen Wachstumsprozessen dagegen ist die Zunahme immer proportional zum Bestand; das heißt, zum bereits Vorhandenen kommt immer der gleiche prozentuale Anteil dazu.

Die grafische Darstellung ist eine Kurve, die steil nach oben geht. Bekannt ist das Modell von der Berechnung des Zinseszinses bei der Geldanlage: Aus einer Anlage von 10.000 Euro werden so bei einer Verzinsung von sechs Prozent in 50 Jahren rund 184.000 Euro. Der Zinseszins beträgt dabei rund 174.000 Euro. Deshalb soll man Geld nicht unter die Matratze legen. Noch einfacher: Linear ist es, wenn man jeden Monat zwei Euro in die Spardose steckt – 2, 4, 6, 8, 10,12 …

Exponentiell ist, wenn sich das Geld in der Spardose jeden Monat verdoppelt – 2, 4, 8, 16, 32 …

Bestes Beispiel für exponentielles Wachstum ist das **Internet der Dinge (IoT)**. Vor zehn Jahren waren gerade einmal rund 500 Millionen Geräte mit dem Internet verbunden. Heute gehen Branchenanalysen von 10 bis 20 Milliarden Geräten aus, und 2020 werden es voraussichtlich bereits 40 bis 50 Milliarden sein. IoT-Geräte verfügen über die Fähigkeit, Daten über smarte Sensoren zu erfassen und via Internet zu übermitteln.

Laut der norwegischen Forschungsorganisation SINTEF wurden 90 Prozent der weltweiten Daten in den vergangenen zwei Jahren generiert – jede Sekunde 205.000 neue Gigabytes. Rechnen Sie sich aus, wie viele Daten in fünf Jahren generiert werden. Eigenständige Objekte werden ständig Daten aufnehmen, analysieren und übermitteln. Dadurch ergibt sich eine Fülle an neuen Möglichkeiten und Geschäftsmodellen.

Ein weiteres Beispiel ist die **Genforschung**. Bereits in den 1970er-Jahren wurde damit begonnen, die menschliche DNA zu entschlüsseln. 1977 entwickelte Frederick Sanger einen hochkomplexen Prozess, um DNA-Segmente zu extrahieren, für den er sogar den Nobelpreis erhielt. Doch erst 13 Jahre später gelang es, Milliarden von Kopien eines definierten DNA-Strangs herzustellen. 1990 begann man in Amerika damit, das gesamte menschliche Genom zu kartografieren. Nach fünf Jahren hatte man das Genom eines Grippevirus entschlüsselt. Es war klar, dass man vor einer Herkulesaufgabe stand – man ging davon aus, dass die komplette Entschlüsselung des menschlichen Genoms 50 Jahre dauern werde.

1998 nahm man das Startup Celera Genomics mit ins Boot, das eine unorthodoxe Herangehensweise hatte. Zum Beispiel wurden überschüssige Rechnerkapazitäten von Computernetzwerken und digitale Analysetools genutzt. Nur ein Jahr später war dann schon ein Chromosom ausgewertet und entschlüsselt. 2003 war bereits das gesamte menschliche Genom entschlüsselt und verifiziert. Heute bietet die Firma Oxford Nanopore einen winzigen Gensequenzer (im Grunde ein USB-Stick) an, mit dem man 70.000 Basenpaare in wenigen Stunden entschlüsseln kann.

Das Beispiel aus der Gentechnik zeigt besonders gut, dass sich Entwicklungen beschleunigen, sobald unterschiedliche Technologien zusammenwirken. Die Digitalisierung spielt dabei heute die größte Rolle. Ohne digitale Unterstützung ist heute keine Produktinnovation mehr möglich.

Vom Mangel zum Überfluss

Ray Kurzweil, Leiter der technologischen Entwicklung bei Google, vertritt die Theorie, dass das exponentielle Wachstum durch Feedbackschleifen entsteht, dass also die vorangegangenen Generationen von Chips den nachfolgenden zu noch schnellerem Wachstum verhelfen. Ein schnellerer und leistungsfähigerer PC hilft also dabei, noch schnellere und leistungsfähigere PCs zu bauen.

Je schneller und günstiger Computerchips werden, desto schneller und günstiger werden auch die Folgetechnologien, die auf ihnen aufbauen, also künstliche Intelligenz, 3D-Druck, Robotik, Sensorik, Cloud-Technologien etc.

Wenn wir dieser Überlegung weiter folgen, werden wir feststellen, dass wir auf eine Gesellschaft des Überflusses in jeder Hinsicht zusteuern. Auch wenn Ihnen das utopisch erscheinen mag, die Faktenlage ist eine andere:

- Die ersten Gensequenzer kosteten 2008 eine halbe Million Dollar. Heute sind sie für etwas mehr als 500 Dollar zu haben.

- 2007 bezahlte man für einen 3D-Drucker noch 40.000 Dollar, heute liegt der Preis bei 100 Dollar.

- Desktop-PCs haben im Verbraucherindex Deutschland zwischen Januar 2011 und November 2016 fast 40 Punkte eingebüßt.

- Gute Digitalkameras gibt es heute bereits für 100 Euro. Die erste Digitalkamera, übrigens kurioserweise von Kodak, kostete 1991 25.000 D-Mark und taugte nicht viel.

Der Trend zum Cloud Computing sorgt dafür, dass Rechnerleistung für jeden für wenig Geld verfügbar ist. Die Digitalisierung strafft Prozesse in der produzierenden Industrie, sorgt für einen effektiven Einsatz von Energie und Ressourcen und verkürzt Entwicklungszeiten – kurz und gut: spart Kosten an vielen Stellen.

Die Frage, mit der sich Unternehmen beschäftigen müssen, lautet also:

Wie werden unsere Organisationen aussehen, wenn wir beziehungsweise alle mit immer geringeren Kosten immer größere Mengen produzieren können?

Entscheidungen unter Unsicherheit

„Es gibt nichts Dauerhaftes außer der Veränderung", sagte Heraklit. Das gilt heute mehr denn je. Technologien entwickeln sich, Rahmenbedingungen ändern sich, Märkte und Wettbewerber verschwinden, neue tauchen auf, neue Trends verändern das Verhalten der Konsumenten und die Kommunikation, als sicher betrachtete Gesetzmäßigkeiten verlieren ihre Gültigkeit.

Anfang März 2011 wurde in Deutschland nicht ernsthaft über den Atomausstieg nachgedacht. Am 11. März änderte sich das mit der Katastrophe im japanischen Fukushima auf einen Schlag. Am 30. Juni desselben Jahres beschloss der Deutsche Bundestag mit großer Mehrheit den Atomausstieg. Bereits im August wurden acht Atomkraftwerke vom Netz genommen. In einer Studie vom Frühjahr 2011 errechnete die Landesbank Baden-Württemberg, dass der Atomausstieg für die AKW-Betreiber Gewinneinbußen von insgesamt etwa 22 Milliarden Euro bedeuten würde. Tatsächlich sank das betriebliche Ergebnis der RWE 2011 um 24 Prozent, das Nettoergebnis sogar um 54,4 Prozent. Die Stromerzeugung der RWE ging in Deutschland um ein Drittel zurück. Die direkten Kosten für den Atomausstieg bezifferte die Geschäftsführung mit 1,3 Milliarden Euro, bei E.ON waren es 1,8 Milliarden und bei der EnBW 0,87 Milliarden Euro.

Solche Entwicklungen sind ebenso wenig planbar und vorhersehbar wie die Lehman-Pleite und die folgende Finanz- und Wirtschaftskrise. Und doch bringen sie immer auch Chancen für diejenigen mit, die flexibel genug sind, sie zu ergreifen. So stieg der Anteil der Windkraft an der Bruttostromerzeugung in Deutschland von 6,1 Prozent 2010 auf 13,3 Prozent im Jahr 2015. Der Anteil der Fotovoltaik stieg in diesem Zeitraum von 1,9 auf 6,5 Prozent. Der Anteil der erneuerbaren Energien insgesamt erhöhte sich von 2010 mit 16,6 Prozent bis 2015 auf 30,1

Prozent. Unternehmen müssen sich daran gewöhnen, Entscheidungen unter Unsicherheit zu treffen. Doch dazu taugen die tayloristischen Managementkonzepte nicht. Zum einen sind sie geprägt durch die Verwaltung von Mangel und knappen Ressourcen, zum anderen konzentrieren sie sich auf die sogenannten Hard Facts und lassen die Soft Facts weitgehend außer Acht.

Doch je weniger planbar die Zukunft ist, je kürzer die Planungshorizonte werden, desto wichtiger werden Sinn, Vision, Leitbilder, Kreativität, Schöpferkraft, Engagement und Freude der Mitarbeiter an Leistung. Doch das ist nicht mit hierarchischen, beschränkenden Strukturen und Fünfjahresplänen zu erreichen, sondern viel eher mit offenen Organisationen, Eigenverantwortung und Flexibilität.

Die materielle, reduktionistische und ausschließlich auf Sicherheit angelegte Denkweise bringt uns hier nicht weiter. Was wir brauchen, ist ein radikaler Perspektivenwechsel, eine radikale Veränderung des Bewusstseins bei Führungskräften und Mitarbeitern. Erst durch die Öffnung wird es möglich sein, Zukunftschancen zu erkennen und wahrzunehmen. Wenn eine Idee von der Entstehung im Kopf des Mitarbeiters bis zu ihrer (höchstwahrscheinlich perfekten) Umsetzung zwei Jahre braucht (und das ist in manchen Unternehmen schnell), ist die Zukunft längst entwischt.

Weniger Pläne, mehr Umsetzung

So wird die Devise künftig für agile Unternehmen lauten, die Chancen wahrnehmen möchten. In vielen Unternehmen wird unglaublich viel Zeit mit Planung, Korrektur der Planung, mit der Erstellung von Marketingkonzepten, Meetings ohne Ergebnisse, Kick-off-Events und Ähnlichem verschwendet. Eine offene Organisation, deren Mitarbeiter vielfältige Kontakte nach außen haben, ist schneller in der Umsetzung von Ideen, kann mehr Ressourcen einbeziehen, trifft die Marktbedürfnisse besser und hat zufriedenere Mitarbeiter. Entscheidungen müssen zwar immer noch unter Unsicherheit getroffen werden, aber die Trefferquote und die Umsetzungsgeschwindigkeit werden höher sein.

Weniger Besitz, mehr Flexibilität

Viele Unternehmen schleppen jede Menge Ballast mit sich herum: Immobilien, Produktionsanlagen, große Lager, Fahrzeuge etc. Doch wer flexibel sein will, muss Ballast abwerfen. Große Investitionen von mehreren Millionen Euro, die sich erst innerhalb von zehn oder 20 Jahren amortisieren und abgeschrieben sind, behindern, wenn der Markt Veränderung fordert oder die Technologie Chancen bietet. Entscheidungen unter Unsicherheit werden leichter, wenn sie nicht auf Jahre hinaus die richtigen sein müssen.

Demokratisierung von Wissen, Technologie und Marktzugang

Dank des Internets gibt es eigentlich nichts mehr, wozu wir nicht alle Zugang haben. Wir können Fachartikel lesen, online lernen, uns über neue Technologien informieren, Software herunterladen, müssen nichts oder nur wenig dafür bezahlen und uns nicht einmal aus dem Haus bewegen. Wir können mit Experten auf der ganzen Welt in Kontakt treten, gemeinsam mit anderen Dinge entwickeln, ja sogar ein Unternehmen vom Liegestuhl aus aufbauen. Wissen ist nicht mehr das Vorrecht von Experten, sondern ein allgemein zugängliches Gut.

Dadurch gewinnen Eigeninitiative, die Fähigkeit zu Reflexion, zu Kommunikation, zur Zusammenarbeit mit anderen, zu fächerübergreifendem Denken sowie der Wille zum Lernen und Teilen an Bedeutung.

Gemeinsam statt einsam

Die Weltbevölkerung zählt mittlerweile acht Milliarden – welch eine unglaubliche Ressource. Warum sich also beschränken auf 50, 500 oder auch 5.000 Mitarbeiter? Warum nicht die Besten identifizieren und einbeziehen? Wie viel Potenzial wird verschenkt, wenn wir weiterhin auf dem Mangel bestehen, wenn wir weiter über den Fachkräftemangel jammern?

In seinem Buch „Exponential Organizations" ↗ erzählt Salim Ismail eine Anekdote über Daniel Thomas Barry, einen amerikanischen Astronauten, der sich heute mit Robotern befasst. Ismail schreibt: „Wann immer Barry bei einer Roboterkonfiguration oder einem Sensorproblem nicht weiterkommt, stellt er seine Frage online, bevor er zu Bett geht. Wenn er am nächsten Morgen aufsteht, findet er Antworten von Zehntausenden von Roboterenthusiasten vor."

↗ *startup-code.de/exo*

Teilen statt herrschen

Wir leben bereits in einer Kultur des Teilens. Zugegeben, manchmal treibt sie seltsame Blüten, denn geteilt wird alles: das Foto vom Essen, das Etikett der Weinflasche, die Fotos von den Kindern und von der Oma – eigentlich jeder Blödsinn. Doch geteilt werden mittlerweile auch Autos, landwirtschaftliche Maschinen, Wohnungen und eine ungeheure Menge und Vielfalt an Wissen, an Erfahrung, an neuen Erkenntnissen und Ideen. Wir alle haben Anteil an allem, was im Netz steht.

Die sogenannten Experten verlieren dadurch ihren Status, der es ihnen ermöglicht hat, aufgrund ihres speziellen Wissens die besten Jobs und die höchsten Gehälter zu bekommen. Das eröffnet jedem von uns unzählige neue Chancen. Wir sind nicht mehr auf einen einmal erlernten Beruf festgelegt, sondern können uns beliebig weiterentwickeln. Wir müssen nur den nötigen Mut, Offenheit und Beharrlichkeit mitbringen.

In vielen Firmen sind die Experten diejenigen, die den anderen ezählen, warum etwas so oder so nicht geht. Sie stecken tief in ihrem Fachgebiet und können oft nicht über den eigenen Tellerrand hinausschauen. Querdenker sind oft lästig, denn sie bringen die „Ordnung" durcheinander. Sie haben stets ein „warum können wir nicht …" auf den Lippen und hinterfragen alles. Würden sich Experten und Querdenker an einen Tisch setzen und ihr Wissen miteinander teilen, könnten völlig neue Denkrichtungen entstehen, sich daraus gänzlich neue Ideen und Geschäftsmodelle entwickeln.

Organisationspsychologe Philip H. Mirvis spricht von „distributed Leadership" – geteilter Führung. Dabei sind drei Punkte wichtig:

- Leadership wird durch eine Gruppe, ein Netzwerk an interagierenden Personen geformt.

- Das Zusammenspiel von Rollen und Funktionen ist wechselseitig, fließend und unterliegt unterschiedlichen Dynamiken, die es je nach Aufgabe, Ziel oder Projekt auszubalancieren gilt.

- Unterschiedlichste Expertisen werden unter vielen verteilt und ausgetauscht und nicht unter einigen wenigen.

„Wir müssen lernen, uns die Hände zu reichen", sagt Mirvis. „Unternehmen müssen lernen, wann es sinnvoll ist, zu konkurrieren, und wann es gut ist, zu kooperieren." Künftiges Wachstum könne nur in Partnerschaften über die eigenen Organisationsgrenzen hinweg geschaffen werden.

Die gesellschaftliche Dimension

Die Digitalisierung wird nicht nur die Unternehmen von Grund auf verändern, sondern auch die Gesellschaft. Es werden sich Gräben auftun zwischen denen, die in der digitalen Welt zurechtkommen, und denen, die dies nicht können oder nicht wollen. Künftige Kriege werden nicht mehr um Öl, sondern um Daten geführt. Selbstlernende Algorithmen und künstliche Intelligenz werden viele Berufe überflüssig machen.

Je mehr Aufgaben wir automatisieren, desto weniger Menschen werden überhaupt arbeiten müssen. Es wird eine große gesellschaftliche Aufgabe sein, Lösungen zu finden, die allen ein gutes Leben ermöglichen. Unternehmer werden sich dabei ebenso wenig aus der Verantwortung schleichen können wie Politiker.

Die Diskussionen über Datenschutz und Cyber Security, über E-Mobilität, Ökologie, Roboter und Drohnen, über neue Arbeitsformen, alte Gesetze und Einschränkungen sind nur die Spitze des Eisbergs, sozusagen das Offensichtliche. Letztlich geht es um die Frage, wie wir künftig leben möchten.

Möchten wir unsere Kranken von Robotern pflegen lassen, selbstfahrenden Autos vertrauen? Wie möchten wir den Wohlstand, den wir mit den digitalen Möglichkeiten erwirtschaften, verteilen? Wird sich die Sharing-Kultur bald auf alle Lebensbereiche erstrecken? Können wir den Hunger auf der Welt vielleicht bald mit digitalen Lösungen bekämpfen? Wer wird die Welt regieren – Amazon, Google und Facebook oder eine Altherrenriege, die an alten Zöpfen und der eigenen Macht hängt, oder eine neue Generation von Menschen, die eine gute Zukunft für alle gestalten möchte? Die Möglichkeiten einer digitalen Welt könnten dabei helfen, wenn wir sie clever nutzen.

Die einen sehen eine glänzende Zukunft vor uns, die anderen malen Katastrophenbilder. Egal wie es letztlich ausgeht, wir leben in dieser Welt – wir haben keine andere und müssen das Beste daraus machen. Dafür müssen wir zusammenarbeiten.

startup-code.de/neue-welt

Kapitel 1

Startups: Besser gerüstet für die Zukunft

»Es ist nicht die stärkste Spezies, die überlebt, auch nicht die intelligenteste, sondern eher diejenige, die am besten auf Veränderung reagiert.«

Charles Robert Darwin

Die vorigen Seiten haben Ihnen einen kurzen Überblick über die wichtigsten Treiber der aktuellen Veränderung gegeben:

- exponentielles Wachstum
- Überfluss statt Mangel managen
- Entscheidungen unter Unsicherheit
- Demokratisierung von Wissen, Technologie und Marktzugang

Die logische Konsequenz für Unternehmen und Unternehmer daraus ist, dass es höchste Zeit zum Handeln ist, damit das Unternehmen auch noch in 20 Jahren erfolgreich ist und weiterbestehen kann. Ich bin fest davon überzeugt, dass Startups die Unternehmensform sind, von der Unternehmen am besten lernen können, sich für die Zukunft aufzustellen. Ich bin kein Utopist und weiß, dass sich ein etabliertes Unternehmen nicht in ein Startup verwandeln kann. Das ist auch gar nicht nötig und wäre außerdem ziemlich dumm. Aber jedes Unternehmen kann sowohl im Management als auch in der Methodik von den Startups lernen und den Wandel in der eigenen Organisation einleiten und beschleunigen. Unternehmen, die einfach weitermachen wie bisher, werden früher oder später vom Markt verschwinden. Es wird ihnen ergehen wie dem Buchhandel mit Amazon oder wie Kodak mit der Digitalfotografie.

1.1 Warum Startups anders sind

Ein etabliertes Unternehmen als Ganzes kann sich nicht in ein Startup verwandeln, weil es einen Unterschied gibt, der dies ziemlich unmöglich macht: Ein etabliertes Unternehmen verfügt bereits über ein Geschäftsmodell und über Produkte. Es gibt eine Organisation mit festen Strukturen und Kunden. Das alles hat ein Startup nicht. Man könnte ein Startup als „suchend" beschreiben. Es gibt eigentlich nur eine Idee, die sich noch nicht am Markt bewiesen hat. Es gibt kein Geschäftsmodell, kein fertiges Produkt, keine festen Strukturen und gar keine oder erst wenige Kunden. Erst wenn es ein Produkt, ein Geschäftsmodell und Kunden gibt, wird sich das Startup Schritt für Schritt professionalisieren und eine Struktur annehmen. Erst dann können wir von einem jungen Unternehmen sprechen.

Startup erleichtert Mitarbeitermotivation

Dr. Ralph Meyer, früher Unternehmensberater, und sein Mitgründer Florian Gottschaller, früher im Sondermaschinenbau tätig, hatten sich über ein Beratungsprojekt kennengelernt. Sie waren sich sympathisch und trafen sich alle sechs Wochen, um darüber nachzudenken, womit man sich denn gemeinsam selbstständig machen könnte. Eine zündende Idee kam dabei zunächst nicht heraus. Dann kam ihnen der Zufall zu Hilfe. „Ein Bekannter sprach immer mal wieder über steuerrechtliche Fragen. Uns war beiden klar, dass die Ressource Mitarbeiter schon heute knapp ist und es früher oder später zu einer Krise kommen wird, zumindest in Europa. Mitarbeiterbindung wird immer wichtiger werden, aber viele kleinere Unternehmen tun sich schwer, Mitarbeiter zu bekommen, weil sie die Löhne mit den hohen Lohnebenkosten nicht bezahlen können. Also begannen wir über alternative Instrumente nachzudenken", erzählen die beiden 43-jährigen Gründer. Am 24. März 2014 wurde dann die Spendit AG gegründet, nur ein halbes Jahr nachdem die erste Idee entstanden war. „Wir gingen nach Lean-Startup-Methoden vor", erzählt Meyer. „Wir brachten ein MVP mit geringstem Aufwand in den Vertrieb und verbesserten es aufgrund des Feedbacks."

Das Unternehmen bietet zwei Produkte an: eine Prepaid-Kreditkarte und eine App. Beide ermöglichen es Arbeitgebern, dass ihre Mitarbeiter sowohl beim Mittagessen als auch bei der Verwendung sonstiger Zuwendungen ihre eigene Wahl treffen. Für den Arbeitgeber sind Aufwand und Kosten gering. Drei Jahre später verwendeten bereits 1.700 Firmenkunden die Prepaid-Karte. Etwa 70 neue Karten werden pro Tag ausgegeben, was vier bis fünf neue Firmenkunden täglich bedeutet. Bei der Lunchit-App kommen pro Tag zwei bis drei neue Firmenkunden hinzu.

Ich vergleiche ein Startup gerne mit einem verknoteten Wollknäuel oder einem Kabelsalat, die mittels Versuch und Irrtum langsam entwirrt werden, bis Produkt und Geschäftsmodell gefunden sind.

»Ein Startup ist NICHT die kleine Version eines großen Unternehmens.«

Ein etabliertes Unternehmen kann sich genauso wenig, wie sich ein knorriger Baum in einen jungen Trieb zurückentwickeln kann, in einen Kabelsalat zurückverwandeln. Aber es kann an der einen oder anderen Stelle einen Kabelsalat zulassen und schauen, was sich daraus entwickelt – genau wie ein alter Baum neu treiben kann. Dafür bieten die Startups Methoden und Managementansätze, die dabei helfen und letztlich auch im gesamten Unternehmen angewendet werden können, um das etablierte Geschäft auf flexiblere Beine zu stellen, mit denen das Unternehmen schneller laufen kann.

Was ist ein Startup?

„Startups sind junge, noch nicht etablierte Unternehmen, die zur Verwirklichung einer innovativen Geschäftsidee (häufig in den Bereichen Electronic Business, Kommunikationstechnologie oder Life Sciences) mit geringem Startkapital gegründet werden und in der Regel sehr früh zur Ausweitung ihrer Geschäfte und Stärkung ihrer Kapitalbasis entweder auf den Erhalt von Venture-Capital beziehungsweise Seed Capital (eventuell auch durch Business Angels) oder auf einen Börsengang (IPO) angewiesen sind."

Gabler Wirtschaftslexikon

„Ein Startup ist eine temporäre Organisation auf der Suche nach einem wiederhol- und skalierbaren Geschäftsmodell."

Steve Blank, Unternehmer, Gründer und Autor

„Ein Startup ist eine von Menschen eingerichtete Organisationsform. Ins Leben gerufen, um ein Produkt oder eine Dienstleistung unter Bedingungen der extremen Unsicherheit zu entwickeln." Oder kürzer: „Ein Startup ist eine Serie verrückter Experimente."

Eric Ries, Silicon-Valley-Entrepreneur, Autor und Begründer der Lean-Startup-Methode

Eines machen alle drei Definitionen von Startups klar: Der Friseur, das Nagelstudio oder der Gastronom um die Ecke sind keine Startups. Sie wissen, wie ihr Geschäftsmodell aussieht, wer ihre Kunden sind und was ihr Produkt beziehungsweise ihre Dienstleistung sein wird. Mir persönlich erscheint keine der drei Definitionen ausreichend. Am wichtigsten erscheinen mir die Wörter:

extreme Unsicherheit – auf der Suche – etwas Neues (something new)
Startups sind definitiv auf der Suche. Sie wissen (noch) nicht, wie ihr Produkt und ihr Geschäftsmodell einmal aussehen werden, und sie haben keinen Markt. Sie wollen ein Problem lösen, wobei unklar ist, was die beste Lösung ist. Sie suchen also auch noch nach einer Idee, nach einer neuen Idee, nach einer Innovation. Die extreme Unsicherheit, der sich Startups ausgesetzt sehen, kommt vor allem durch die Informationstechnologie zustande, die jede Entwicklung extrem beschleunigt. Ein Beispiel: Die Informationstechnologie sorgt dafür, dass sich unser verfügbares Wissen in wahnsinniger Geschwindigkeit verdoppelt. Vor rund zehn Jahren dauerte es noch fünf bis sieben Jahre, bis sich die Information der Welt verdoppelte. Heute sind es nur noch 700 Tage, also rund zwei Jahre. Jedoch sind rund 90 Prozent des heutigen weltweiten Datenbestandes nach Angaben von eco – Verband der Internetwirtschaft in den letzten beiden Jahren entstanden. Jedes Jahr verdopple sich diese Datenmenge. Die Informationstechnologie spielt bei disruptiver Innovation immer eine entscheidende Rolle, und das Such-und Spielfeld der Startups ist die disruptive Innovation, also die Innovation, die Branchen und Märkte auf den Kopf stellt.

Clayton M. Christensen, Professor für Business Administration an der Harvard Business School, hat sich bereits vor 20 Jahren in seinem Buch „The Innovator's Dilemma" ☑ mit disruptiver Innovation befasst. Er definiert sie folgendermaßen:

„Disruptive Innovation beschreibt einen Prozess, bei dem ein Produkt oder eine Dienstleistung ihren Anfang in einer zunächst simplen Anwendung am unteren Ende des Marktes nimmt und dann unaufhörlich nach oben aufsteigt, wo es früher oder später dann den etablierten Wettbewerber ersetzt. Disruptiv sind Innovationen nur, wenn sie bestehende Märkte und Marktplätze abschaffen."

☑ startup-code.de/innovators-dilemma

Die drei Felder der Innovation nach Christensen

Innovation ist nicht auf Produkte beschränkt. Sie kann auf jeder Ebene des Geschäftsmodells stattfinden: Prozesse, Marketing, Vertrieb, Produkt

Die **kontinuierliche** Innovation verbessert bestehende Produkte immer weiter, sodass sich entwickelnde Kundenwünsche berücksichtigt werden. Beispiel: ein neues Modell der Mercedes S-Klasse.

Die **iterative** Innovation schafft neue Produkte, die auf technologischen Entwicklungen und Trends basieren. Beispiel: ein neuer Antrieb wie Elektro- oder Wasserstoffmotor.

Die **disruptive** Innovation erschafft ein völlig neues Geschäfts-modell. Beispiel: Der Autohersteller wird zum Mobilitätsdienstleister. Für Mercedes geht es mit „Car2Go" nicht mehr darum, perfekte Autos zu bauen, sondern zu wissen, wann die Kunden wo ein Auto benötigen, wie viel sie dafür zu zahlen bereit sind etc.

Die meisten etablierten Unternehmen können alles außer disruptiver Innovation. Das liegt laut Christensen daran, dass sie zu groß, zu festgefahren in ihren Prozessen und Werten sind. Etablierte Unternehmen, so seine Erkenntnis, orientieren sich an arrivierten Märkten im oberen Preissegment. Ihre Kunden setzen in der Regel auf evolutionäre Innovationen. Die Märkte für disruptive Innovationen sind meistens klein, und ihr Anspruch ist nicht so hoch; das bedeutet geringere Gewinnmargen, die für die Etablierten nicht interessant genug sind.

Letztlich empfiehlt Christensen den Unternehmen, für disruptive Innovationen kleine unabhängige Einheiten zu bilden, für deren Ambitionen ein (zunächst) kleiner Markt ausreichend ist. Sie sollten unabhängig vom Mutterunternehmen mit seinen festgeschriebenen Prozessen und Werten arbeiten. Denn je besser die Führungskräfte eines Unternehmens sind, desto höher die Wahrscheinlichkeit, dass sie das Unternehmen im Fall von disruptiven Innovationen in den Abgrund führen – dafür hat Christensen zahlreiche Beispiele.

Führungskräfte müssen nach seiner Meinung erkennen, dass bewährte Fähigkeiten, Kulturen und Managementpraktiken nur unter bestimmten Bedingungen zum Erfolg führen. Neue, noch nicht existierende Märkte könne man nicht wie gewohnt analysieren, auch die Kunden entzögen sich dem analytischen Zugriff. Es seien keine wirklich zuverlässigen Prognosen möglich. Das alles führt laut Christensen dazu, dass sich die gewohnten Entscheidungswege als Sackgasse erweisen.

Ich betrachte den Begriff „Startup" nicht als Organisationsform, sondern als ein Managementmodell für die Suchphase, also die Phase, in der das Geschäftsmodell erst als Idee besteht – noch besser: als real existierendes Problem oder Bedürfnis einer bekannten Kundengruppe. Häufig sind sich die Kunden des Problems jedoch nicht bewusst. Mithilfe des Startup-Managementmodells gelingt es, diese nicht bewussten Probleme und Bedürfnisse aufzudecken und daraus innovative Produkte und Dienstleistungen zu entwickeln.

Such- und Planphase

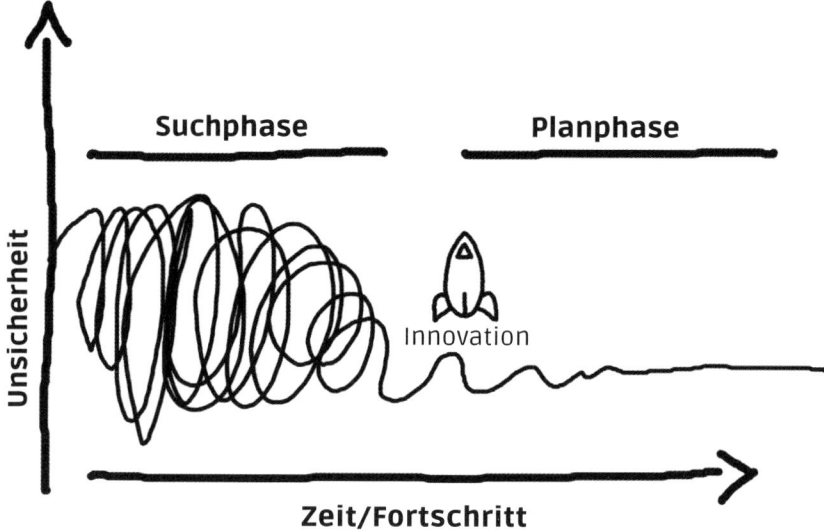

Suchphase

Planphase

Unsicherheit

Innovation

Zeit/Fortschritt

1.2 Was Startups anders machen

Damit sind wir bei der Frage, was an der Art und Weise, wie Startups funktionieren, so interessant ist. Weshalb können Startups maximal flexibel und schnell sein? Weshalb sind sie so ideenreich und erfinderisch? Was versetzt sie in die Lage, sich immer wieder infrage zu stellen?

Da ist zunächst einmal die Organisation als solche: suchend, unfertig, klein und beweglich. Startups bestehen oft aus mehreren Gründern, aus einem kleinen Team, in dem jeder alles tut, was nötig ist, und über alles informiert ist. Hierarchien gibt es ebenso wenig wie eine statische und in Einzelbereiche/Abteilungen zergliederte Struktur. Am wichtigsten ist jedoch, dass Startups anders denken als etablierte Organisationen und infolgedessen anders handeln:

1. Sie denken vom Kunden aus. Sie verfügen über keine Produktionsanlagen und sonstige Güter – können sie auch gar nicht, denn sie haben in der Regel keine Ressourcen. Es reicht, den Zugriff darauf zu haben, zum Beispiel über Leasing oder Outsourcing. Das gilt übrigens auch für Mitarbeiter. Wichtig ist für Startups in erster Linie die Kundenschnittstelle.

2. Sie nutzen die Möglichkeiten der digitalen Welt in jeder Hinsicht und wo immer sinnvoll.

3. Sie haben eine klare Antwort auf die Frage: „Warum soll es uns geben?"

4. Sie begrenzen sich nicht. Alles ist denkbar.

5. Sie streben nicht nach Perfektion, sondern sind auf Schnelligkeit bedacht, da sie nur sehr begrenzte Ressourcen an Geld haben und ihnen somit wenig Zeit zur Umsetzung bleibt. Das Produkt wird gemeinsam mit den Kunden entwickelt, während es bereits (in einer unfertigen, minimalen Version) am Markt ist.

6. Sie begreifen Fehler als Chance, um zu lernen und somit schneller den richtigen Weg zu finden.

7. Sie bewegen sich in Netzwerken, lernen von anderen und arbeiten mit anderen.

1.3 Warum Startups für die Zukunft besser gerüstet sind

Wenn Sie gelesen haben, welche Merkmale Startups auf der organisatorischen und auf der Managementebene auszeichnen, wissen Sie, weshalb sie sich als Vorbilder für Unternehmen eignen, die auch in 20 Jahren noch bestehen sollen.

Mir ist klar, dass ich in gewisser Weise vom Idealbild eines Startups ausgehe, von einem Modell, dem mit Sicherheit nicht alle Startups entsprechen. Wären alle Startups ideal, würde es keine gescheiterten geben, doch die gibt es durchaus in großer Zahl, und sie lernen daraus.

Trotzdem: Wenn Sie erkannt haben, dass sich Ihr Unternehmen verändern muss, wenn Sie nicht mehr sicher sind, dass Ihr Geschäftsmodell die nächsten Jahre trägt, dann schauen Sie sich die Startups unbedingt genauer an.

Unsicherheit ist für Startups Normalität
Startup sein bedeutet, mit Unsicherheit klarzukommen und Chaos zu entwirren. Erinnern Sie sich an den Kabelsalat? Genau so ist die Realität für ein Startup. Es gibt jede Menge Ideen, aber keinen Plan. Wie soll man auch einen Plan dafür schreiben, Kabelsalat zu entwirren. Man zieht und zupft mal hier, mal da. Irgendwann wird der Haufen kleiner, man lernt, wie man den Haufen am besten entwirrt. Erscheint Ihnen übertrieben?

Hätten Apple-Gründer Steve Jobs oder Amazon-Gründer Jeff Bezos die Entwicklung ihrer Unternehmen wirklich planen können? Ich glaube kaum. Es gibt wohl kein Startup, das nicht mit Versuch und Irrtum arbeitet. Das ist eine Endlosschleife, an deren Ende mit etwas Glück ein Geschäftsmodell mit einem beeindruckenden Produkt steht. Startups schauen, wo sie der Kunde hinführt. Dadurch, durch die geringen Grenzkosten, den Einsatz von IT, den Verzicht auf den Besitz von Ressourcen und die Nutzung von Netzwerken werden sie schneller und flexibler – Grundvoraussetzung, um in unsicheren Zeiten zu überleben.

Etablierte Unternehmen behindern sich in unsicheren Zeiten selbst:

- Sie folgen festen Strategien, Plänen und Prozessen.
- Sie sind an Besitz und Mitarbeiter gebunden.
- Sie entwickeln nur bedingt vom Kunden aus.
- Sie haben häufig lange Entscheidungswege.
- Sie verwalten knappe Ressourcen.
- Sie befinden sich in Abhängigkeit von Banken, Aktionären und anderen Stakeholdern.

Wie sieht es bei Ihnen aus? Bevor Sie nun sagen, in unserem Unternehmen ist alles ganz anders, denken Sie bitte über die folgenden drei Punkte nach:

Wie lange dauert es in Ihrem Unternehmen zum Beispiel, ein neues Produkt zu entwickeln? Tage, Wochen, Monate oder gar Jahre? Wie hoch sind die Kosten dafür? Wie lange haben die deutschen Autohersteller gebraucht, um alltagstaugliche Elektrofahrzeuge zu entwickeln und auf den Markt zu bringen? Tesla hat ein komplett neues Auto auf den Markt gebracht, das lange vor allen anderen auch längere Strecken zurücklegen konnte, ohne an die Steckdose zu müssen.

Wenn Sie heute feststellen, dass Ihre Kunden mit den bisherigen Vertriebswegen nicht mehr zufrieden sind: Haben Sie eine Chance, so schnell darauf zu reagieren, dass Sie neuen Wettbewerbern Paroli bieten können? Als der stationäre Buchhandel begann, Amazon als ernst zu nehmenden Konkurrenten zu betrachten, war für Amazon das Thema Buchhandel bereits abgehakt. Das Unternehmen hatte sich längst anderen Branchen zugewandt. Als die Musikkonzerne noch darüber nachdachten, wie sie der neuen Download-Kultur begegnen sollten, hatte iTunes schon Millionen von Kunden.

Wenn heute einer Ihrer Kunden beschließt, die Teile, die er bisher von Ihrem Unternehmen bezog, per 3D-Druck selbst herzustellen, sind Sie dann in der Lage, diese Lücke kurzfristig zu schließen, oder geraten Sie in Schwierigkeiten? Weshalb haben Sie nicht mitbekommen, dass es dazu kommen könnte?

Startups sehen Scheitern positiv

Und noch etwas erleichtert Startups das Überleben in unsicheren Zeiten: Sie dürfen scheitern. Wer sucht, muss zwangsläufig in die Irre gehen und Fehlschläge hinnehmen. Viel schlimmer ist es, wenn Pläne weiterverfolgt werden, obwohl längst klar ist, dass es so nicht funktioniert oder dass der Kunde kein Interesse hat. Lernen und Korrigieren sind bei Startups systemimmanent oder sollten es zumindest sein.

Etablierten Unternehmen fällt es schwer, Fehler zu machen. Sie halten sich an Pläne, und wenn bemerkt wird, dass das neue Produkt kein Erfolg, sondern ein Reinfall wird, ist meistens schon so viel Geld ausgegeben worden, dass das Projekt nicht mehr zu stoppen ist. Wer Fehler zulässt und anerkennt, ist in unsicheren Zeiten besser unterwegs, denn er kann Projekte und Pläne schnell stoppen und sich einer besseren Chance zuwenden.

Startups sind vom Kunden aus aufgebaut

Im „Customer Development Manifesto" von Steve Blank und Bob Dorf aus ihrem Buch „The Startup Owner's Manual" ⌗ lautet die erste Regel:

»Es gibt in Ihrem Büro keine Fakten, gehen Sie deshalb nach draußen.«

Die beiden Autoren empfehlen dringend, dass die Gründer selbst diese Aufgabe erledigen, denn nur der Gründer könne dem Feedback gerecht werden, „darauf reagieren und die notwendigen Entscheidungen treffen, um Komponenten des Geschäftsmodells zu ändern".

startup-code.de/handbuch-startups

Die meisten Unternehmen führen heute die Kundenorientierung oder sogar -fokussierung im Mund. Sie sind stolz darauf, dass sie ihre Produkte entsprechend den Kundenwünschen weiterentwickeln. Doch bei vielen Unternehmen bleibt die Kundenorientierung ein zahnloser Tiger, und es gibt nur eine Handvoll Unternehmen, in denen es im Organigramm einen Chief Customer Officer gibt. Unternehmen sind oft in die eigene Technik/die eigenen Produkte verliebt. Mitunter verpassen sie ihren Produkten Funktionen, die nur einige wenige Kunden brauchen, und übersehen dabei möglicherweise größere Märkte, die mit einem einfacheren und günstigeren Angebot zufrieden wären. In China zum Beispiel wurden anfangs die größten Umsätze mit einfachen Maschinen und Anlagen erzielt.

Und selbst wenn Unternehmen nah an ihren Kunden sind, übersehen sie häufig, dass der Kunde vielleicht gar nicht weiß, was er wollen könnte. Die Kunden der Hersteller von Fotoapparaten wünschten sich bessere Objektive mit mehr Tiefenschärfe, mehr Einstellungen, einen stärkeren integrierten Blitz, aber keiner wünschte sich eine Digitalkamera. Haben Sie sich ein Telefon gewünscht, mit dem Sie fotografieren und bezahlen können, bevor das erste iPhone auf den Markt kam?

Erfolgreiche Startups versuchen als Erstes, Probleme und Bedürfnisse aufzuspüren, deren sich der Kunde noch gar nicht bewusst ist. Mit einer ersten unvollständigen Produktversion gehen sie in möglichst kurzer Zeit und mit wenig Aufwand an den Markt und schauen sich das Feedback des Kunden genau an. Auf diese Weise merken sie schnell, ob ihr Angebot für den Kunden tatsächlich einen Nutzen hat. Und das gilt nicht nur für das Produkt als solches, sondern auch für die Vertriebskanäle und das Marketing.

Dieses Verhalten lässt sich am besten mit dem Prinzip **Build – Measure – Learn** erklären. Das bedeutet, dass ein Startup möglichst schnell mit einem Minimum Viable Product (MVP) auf den Markt geht. Es enthält zwar die Kernfunktionen, ist aber keineswegs perfekt. Oft ist es auch ein „Fake", ein Schwindel, ein Test, ob das Produkt überhaupt auf Interesse stößt. Mithilfe der Rückmeldungen durch die ersten Kunden wird das Produkt verbessert und den Kundenbedürfnissen angepasst. Die Wirkung jeder Verbesserung wird gemessen (mehr dazu in Kapitel 6). Auf diese Weise entsteht eine Feedbackschleife, in der die Entwicklung mit dem Kunden geschieht.

Im Science-Fiction-Bereich oder Lessons learned

Mladen Panov war gerade mit seinem BWL-Studium fertig, als ein Studienkollege mit einer Idee für eine App auf ihn zukam. „Er rannte offene Türen ein", erzählt Panov. „Ich fand die Idee gut, und zusammen mit einem Informatiker stürzten wir uns in die Arbeit." Mit der App sollte die Buchung von Minicars und Funkmietwagen möglich sein, ganz ähnlich wie bei Uber. „Wir schrieben Businesspläne, machten eine SWOT-Analyse und entwickelten eine Firmenidentität. Zwei Wochen lang suchten wir nach einem Namen für unsere App", schmunzelt Panov im Rückblick.

„Dann entwickelten wir eine Liste mit den funktionalen Anforderungen – es wurden immer mehr. Wir erkannten, dass ein Programmierer nicht ausreichen würde, und begannen mit der Suche nach dem vierten

Mann. Wir bastelten Stellenausschreibungen und führten Bewerbungs-
gespräche. Doch eigentlich bewegten wir uns während der ganzen Zeit
im Science-Fiction-Bereich, denn wir hinterfragten unsere Idee kein
einziges Mal. Wir dachten nie darüber nach, ob es überhaupt einen Bedarf für unsere App gibt – ob irgendjemand sie haben will."

Dann nahm das Team an einem Bootcamp für Startups teil. Die entscheidende Erkenntnis aus der Veranstaltung war für Panov und seine
Mitstreiter, dass sie ihr Büro verlassen mussten. „Uns war klar geworden, dass wir nicht weiter an schönen Konzepten feilen durften, sondern hinaus zum Kunden mussten", sagt Panov.
„Wir führten Interviews mit unseren potenziellen Zielgruppen und entwickelten einen Prototyp der App. Schweren Herzens machten wir Ab-
striche an Schönheit und Funktionalitäten. Schnell war klar: Es gab keine
Nachfrage nach unserer App. Es gab sogar Alternativen am Markt, und
die Nutzer waren nicht bereit, auf unsere App umzusteigen."

Das Team begrub schließlich seine Idee. Das Abenteuer hatte die drei
Gründer ein Jahr intensive Arbeit und etwa 10.000 Euro gekostet. „Wir haben nicht viel verloren, aber viel gelernt", sagt Panov, der heute mit MA-
K3it ein erfolgreiches Unternehmen führt. Der Markt müsse immer an
erster Stelle stehen. Das spare nicht nur Zeit, sondern auch Geld. „Heute
brauchen wir nur noch wenige Hundert Euro, um eine neue Idee zu testen. Eine gute Idee reicht nicht aus. Letztlich trägt die Idee fünf Prozent
zum Erfolg bei, den Rest bringt die richtige Umsetzung. Wir hatten außerdem gelernt, dass es wichtig ist, sehr schnell in den Markt zu gehen
und das Potenzial einer Idee innerhalb kürzester Zeit zu validieren."

Abenteuer statt Sicherheit

Michael Feicht und Eduard Sabelfeld haben den Buddy-Watcher, ein Gerät für Taucher, entwickelt. Auf Knopfdruck sendet es mittels Ultraschall Signale an das Partnergerät, das dem anderen Taucher durch Vibration anzeigt, dass seine Aufmerksamkeit gefragt ist. Zusätzlich warnt ein Abstandsmesser Taucher, wenn sie sich zu weit voneinander entfernen. „Das Signal erfolgt lautlos, um Fische nicht abzuschrecken", erklärt Sabelfeld. Das Gerät hat eine Reichweite von bis zu 80 Meter in bis zu 60 Meter Tiefe. Die Signale können individualisiert oder auf ganze Gruppen ausgedehnt werden. Das ist für Tauchlehrer praktisch.

Vier Jahre hat es gedauert, bis das Gerät auf den Markt kam – eigentlich zu lange. Den Grund für die lange Entwicklungszeit von vier Jahren sehen die Gründer in der Vielzahl der Anforderungen. Das Armband muss nicht nur Salzwasser und Temperaturschwankungen aushalten, sondern auch die benötigte Software ist sehr aufwendig. Und, so Feicht: „Wir wollten anfangs zu viele Funktionen einbauen." Es war notwendig, sich intensiv mit dem Markt zu befassen, um zu erfahren, was die potenziellen Kunden wirklich wollen – manchmal etwas anderes als die Gründer. „Wir haben zum Beispiel anfangs mit dem Sicherheitsaspekt geworben", erzählt Feicht. „Das hat überhaupt nicht funktioniert. Wenn die Leute tauchen, möchten sie etwas Schönes erleben. Jetzt werben wir mit dem gemeinsamen Taucherlebnis."

Beide Beispiele zeigen nicht nur die große Bedeutung, die Startups dem Kunden beimessen, sondern einmal mehr die Vorteile beziehungsweise die Akzeptanz des Scheiterns. Wer sich wirklich auf den Kunden einlässt, muss einkalkulieren, dass er alles überdenken muss, sobald er mit dem Kunden gesprochen hat, und möglicherweise einen neuen Weg einschlagen. Startups nennen diesen Strategiewechsel Pivot.

Stellen Sie sich folgende Fragen:

- Gibt es in Ihrem Unternehmen einen Chief Customer Officer?

- Ist das Gespräch mit dem Kunden Chefsache, oder wird es an Vertriebler delegiert, deren Bezahlung sich an der Höhe des Umsatzes orientiert?

- Wann ist in Ihrem Unternehmen das letzte Mal etwas gescheitert?

Startups haben keine Hierarchien

Es mag banal klingen, aber vieles, was Startups tun oder nicht tun, ist sozusagen systemimmanent. Kein oder wenig Kapital zu haben zwingt zu schnellem Handeln und zu overhead-freier Zusammenarbeit. Es wird also auf alles verzichtet, was nicht notwendig ist, um zu lernen oder das Geschäftsmodell zu validieren. Es gibt schlicht keine andere Option. Hierarchien sind in dieser Phase das Überflüssigste überhaupt, zumal die meisten Startups anfangs nur aus einem Gründerteam bestehen, in dem jeder gleiche Rechte und Pflichten hat.

Eine Hierarchie ist weder nötig noch möglich und würde im Gegenteil die Zusammenarbeit behindern. Jeder muss überall mit anpacken. Patrick Ulmer, einer der Gründer des Online-Teehändlers „5 CUPS and some sugar", drückt es so aus: „Im Zweifelsfall geht es um die Frage: Wer hat die Verantwortung dafür? Es geht darum, gemeinsam in die richtige Richtung zu gehen."

Startups werden letztlich angetrieben von dem starken Warum der Gründer. Ein Unternehmen zu gründen – und nichts anderes soll aus einem Startup einmal werden – ist eine Lebensentscheidung, der viele andere Dinge untergeordnet werden müssen; das weiß jeder Unternehmer. Es bedeutet meistens zunächst materiellen Verzicht und einen extrem hohen Zeiteinsatz. Um das durchzuziehen beziehungsweise auszuhalten, muss man wissen, warum man das tut.

Manuel Klein, Gründer von EKU Power Drives, hat die Gründung über das Programm EXIST finanziert und sagt: „Das Programm finanziert jedem Gründer den Lebensunterhalt ein Jahr lang mit 2.000 Euro pro Monat. Wenn dagegen ein Rundum-sorglos-Paket bei einem großen Konzern mit Metalltarifvertrag steht, muss man wissen, weshalb man das ausschlägt."

Ein starkes Warum oder eine starke Vision ist nicht nur das, was die Gründer selbst antreibt, sondern was auch alle anderen begeistert und anzieht, seien es Mitarbeiter, Partner oder Kunden. Dieses starke Warum beschreibt – am besten auf einer emotionalen Ebene –, was man erreichen will, worum es geht.

Google sagt nicht: „Wir sind ein Suchmaschinenbetreiber", sondern „Wir organisieren die Information der Welt." Startups, die zu erfolgreichen Unternehmen herangewachsen sind, haben, wie es Salim Ismail in seinem Buch „Exponential Organisations", nennt, einen „Massive Transformative Purpose – MTP".

Egal ob das Startup den Planeten verändern möchte oder eine Branche, immer geht es um radikale Transformation, um Disruption. Der richtige MTP (oder das Warum) inspiriert Menschen, ist so attraktiv, dass man die Produkte besitzen, dort arbeiten oder Lieferant sein möchte – als Teil einer Community, eines Ökosystems. Apple und Nespresso haben das im Großen geschafft, aber auch unzählige kleinere oder weniger bekannte Firmen.

Zurück zum Startup: Es hat (noch) keine festgefügten organisatorischen Strukturen. Es gibt keine gewachsene Kultur. Prozesse sind praktisch nicht vorhanden und können also auch nicht delegiert werden.

Eigenverantwortung ist systemimmanent. Das hört sich nicht sehr heroisch an, ist aber einer der Erfolgsfaktoren des Management-modells Startup.

Dr. Randolf Wöhrl, Head of Strategic Partnerships, moovel Group GmbH, brachte es auf einer Veranstaltung auf den Punkt: „Hierarchien ma-chen langsam." In Startups werden Entscheidungen auf allen Hierar-chieebenen getroffen. Wenn sie klare Ziele haben, arbeiten sie selbst-organisiert. Letztlich geht es darum, Prototypen schnell auf den Markt zu bringen: Think it, build it, ship it, tweak it (Idee, Umsetzung, auf den Markt, Verbesserung).

Startups arbeiten in Netzwerken

Es ist nicht weiter verwunderlich, dass Startups in Netzwerken arbeiten – schließlich haben sie nur wenige eigene Ressourcen. Und sie denken vom Kunden aus. Ein Netzwerk entsteht auf diese Weise ganz natürlich und wächst. Zu dem Gründerteam gesellen sich Mitarbeiter und Freelancer, User, Kunden und Lieferanten, Verkäufer/Händler und Fans. Verbunden sind sie durch den gemeinsamen Nutzen.

Die Entwickler der zahlreichen Apps arbeiten nicht bei Apple. Viele Unternehmen, die nicht über eine ausreichende Logistik verfügen, bieten ihre Waren auf Amazon an. Kunden, die Bewertungen abgeben, erleichtern anderen die Entscheidung für ein Produkt. Auf Wikipedia stellen Millionen von Menschen Informationen ein oder rufen sie ab. Facebook verbindet Menschen auf der ganzen Welt. Auf eBay ver-kaufen oder kaufen Menschen, die sich weder untereinander noch die Mitarbeiter von eBay kennen. Die Kunden von Cewe-Fotobuch geben anderen Kunden Tipps für die Gestaltung, stellen ihre Werke dem Unter-nehmen für das Marketing zur Verfügung und vieles mehr. Es entstehen Gemeinschaften, verbunden durch eine Idee.

Für das Startup haben die Netzwerke hohen Nutzen:

- Sie erhalten permanent Feedback.
- Sie können die Ideen und die Kreativität der Netzwerke nutzen.
- Sie lernen schneller und mehr.
- Sie kommen mit geringen Ressourcen zurecht.
- Sie können sich finanzieren – Stichwort Crowdinvesting.

Allerdings muss das Startup für die Netzwerke einiges tun, vor allem muss es auf Augenhöhe kommunizieren, und zwar auf allen Kanälen. Nur wenn es bekannt ist und sich um die Community kümmert („sie füttert"), kommt etwas zurück. Ohne etwas zu geben erhält man auch nichts. Das erfordert eine Offenheit, die nur die wenigsten mittelständischen Unternehmen leben können/wollen.

Nun werden Sie vielleicht sagen: Ist ja schön und gut, dass Startups besser für die Zukunft gerüstet sind, aber wir sind nun mal kein Startup, wir haben effiziente Prozesse, ein Unternehmen mit einigen Hundert Mitarbeitern kann man nicht ohne Hierarchien steuern, vom Chaos sind wir weit entfernt, und vor allem: Wir verdienen gutes Geld mit unseren Produkten.

Ich würde Sie trotzdem bitten, in einer ruhigen Stunde über ein Startup nachzudenken, das Ihr Geschäft oder Unternehmen bedrohen könnte. Oder noch besser: Setzen Sie ein kleines Team, vielleicht zwei Mitarbeiter und zwei Externe, darauf an. Vermutlich werden Sie über die Ergebnisse erstaunt sein, und vielleicht entsteht daraus ja eine neue Geschäftsidee für Ihr Unternehmen.

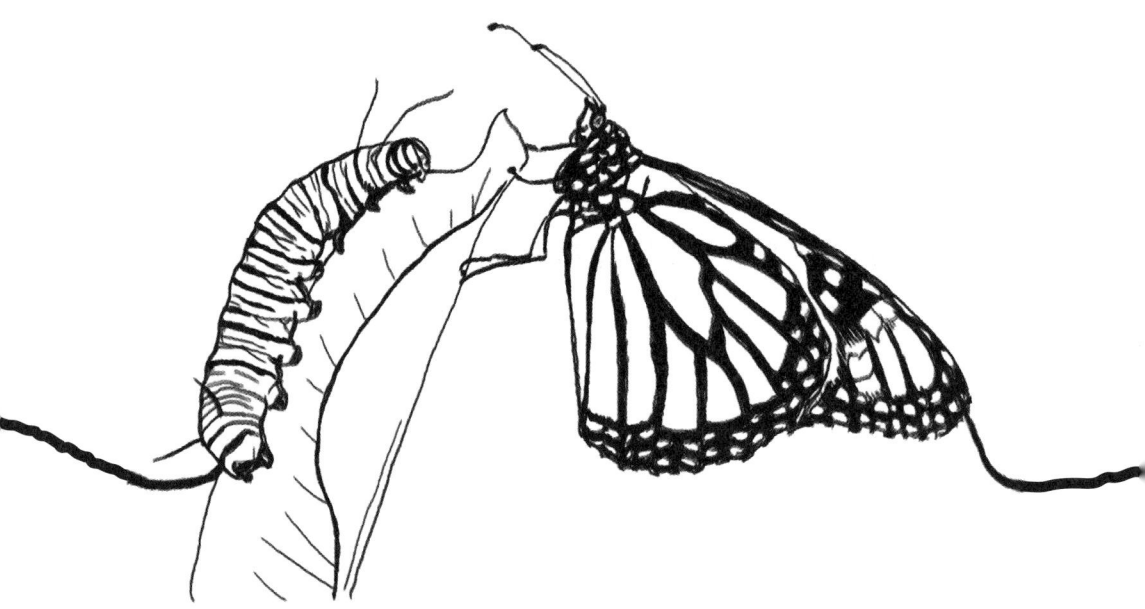

Kapitel 2

Unternehmen zwischen Zukunft und Gegenwart

»Der eine wartet, dass die Zeit sich wandelt.
Der andere packt sie kräftig an - und handelt.«
Dante Alighieri

Schauen wir uns einmal an, in welcher Situation sich die meisten mittelständischen Unternehmen heute befinden, welchen Herausforderungen sie sich gegenübersehen, was Globalisierung und Digitalisierung verändert haben und noch verändern und welche Strategien die Unternehmen verfolgen.

2.1 Vom Verkäufer- zum Käufermarkt

Das ist nun wirklich nichts Neues, werden Sie vielleicht sagen. Natürlich wissen wir, dass der Käufer/Kunde heute das Sagen hat. Wirklich? Haben Sie diese Entwicklung bis ins Detail durchdacht? Haben Sie erkannt, was das für Ihr Unternehmen bedeutet, und haben Sie bereits geeignete Maßnahmen ergriffen? Sie sind hoch spezialisiert und im Sondermaschinenbau tätig – betrifft Sie alles nicht? Ihre Maschinen oder Anlagen sind exakt auf die Kundenbedürfnisse zugeschnitten – der Kunde kommt gar nicht an Ihnen vorbei?

Schön für Sie. Aber wissen Sie, ob Ihr Kunde in fünf Jahren überhaupt noch am Markt ist und Ihre Anlagen noch braucht? Vielleicht werden bis dahin die Verpackungen, die heute mit Ihren Maschinen hergestellt werden, per 3D-Drucker direkt bei Ihrem Kunden gedruckt. Betrifft Sie nun mal wirklich gar nicht? Sie stellen Heizungen her oder sind Heizungsbauer. Die braucht man immer. Stimmt, tatsächlich hat sich die Branche Heizungsbau 70 Jahre lang so gut wie nicht verändert. Dann kam Thermondo.

Frischer Wind im Heizungsmarkt

Im Wachstumsranking der deutschen Startup-Wirtschaft lag der Heizungsbauer Thermondo mit einem jährlichen Wachstum von 638 Prozent von 2013 bis 2015 auf Platz sieben. Das Unternehmen wurde innerhalb von neun Monaten zum größten Anbieter für Heizungen in Ein- und Zweifamilienhäusern. Der neue Anbieter hat über seine Plattform den Kauf einer Heizung für den Kunden transparenter, einfacher und bequemer gemacht. Hersteller und Handwerker verloren die Kundenbeziehung. Thermondo hat nämlich eigene, fest angestellte Meister und Anlagenmechaniker.

Thermondo hat einen Algorithmus entwickelt, den digitalen Heizungsbauer „Manfred", der auf die unternehmenseigene Produktdatenbank für Gas- und Ölheizungen, Solarthermie sowie Brennstoffzellenheizungen zurückgreift und in Echtzeit Angebote erstellt. Der Algorithmus findet über eine kurze Befragung auf der Website die passende Heizung für jedes Ein- und Zweifamilienhaus. In der anschließenden telefonischen Beratung wird das Angebot anhand von bis zu 200 Datenpunkten präzisiert. Dies ersetzt die örtliche Begehung und spart dem Kunden Zeit.

Vom ersten Kontakt bis zur Installation bietet das Unternehmen alles aus einer Hand: Beratung, Angebotserstellung, Beantragung staatlicher Fördermittel, Demontage und Entsorgung der Altanlage, Lieferung und Montage des neuen Heizgeräts sowie Koordination mit dem Energieversorger und dem Schornsteinfeger. Das Unternehmen versteht sich nicht nur als digitales Unternehmen, sondern auch als ein Handwerksbetrieb – 140 der bundesweit 300 Mitarbeiter von Thermondo bauen Heizungsanlagen in ihren jeweiligen Regionen ein oder warten die installierten Anlagen.

„Um das beste Kundenerlebnis zu bieten, müssen wir alles infrage stellen, was üblich ist", sagt Philipp Pausder, Co-Gründer und Geschäftsführer von Thermondo. „Wir haben uns für die vertikale Integration entschieden, weil wir fest daran glauben, dass wir nur so unseren Kunden ganz neue Erlebnisse bieten können." Nicht nur „Manfred" ist digital, sondern auch die Prozesse im Unternehmen.

So unterhalten die Berliner zum Beispiel kein eigenes Lager. Sobald ein Kunde bestellt hat, liefert ein Algorithmus eine Liste mit allen notwendigen Materialien, die direkt auf die Baustelle geliefert werden. Alle verbrauchten Materialien werden von den Heizungsinstallateuren auf der Baustelle mit der eigenen „Heizungshelden-App" gescannt. Das Verfahren entlastet die Installateure und beschleunigt die Prozesse. Bei Thermondo ist man stolz darauf, dass bereits zwei bis vier Wochen nach der Bestellung die Installation der neuen Heizung erfolgt. Normalerweise bekäme man in dieser Zeit nicht einmal ein Angebot.

Seit Ende August 2016 gibt es die „Leasing-Heizung". Gegen einen monatlichen Pauschalbetrag kümmert sich der Heizungsbauer nicht nur um die Installation, sondern auch um Betrieb und Wartung der Heizung, sogar der KfW-Förderantrag, die Beauftragung eines Effizienzexperten und die Kosten für den Schornsteinfeger sind inklusive. Bereits nach neun Monaten wurden 20 Prozent des Absatzes mit dem neuen Angebot erzielt. „Wir wollen zum Kümmerer für den Hauseigentümer werden, ihm das Leben leichter machen", sagt Pausder, „und zwar nicht nur bei der Heizung, sondern im ganzen Feld Smart Home." Bereits jetzt verbaue man hier die Produkte verschiedener Hersteller, denke aber über eigene nach.

Bei Thermondo betrachte man das eigene Geschäft immer wieder kritisch, schaue, wie man dem Kunden noch mehr bieten, ihm noch mehr Sorgen abnehmen könne, zum Beispiel indem man die Informationen der Heizungen zu vorausschauender Wartung nutze. „Ich habe oft den Eindruck, dass die digitale Transformation etwas leichtfertig abgetan wird", sagt der Thermondo-Geschäftsführer. „Gerade im Handwerk herrscht oft die Meinung, die Digitalisierung habe nichts mit dem Handwerk zu tun. Ich kann nur jeden ermuntern, die Dinge vom Kunden her zu denken und auch über die Effekte der Zusammenarbeit mit anderen nachzudenken. Wer nicht offen nach außen ist, vergibt viele Chancen."

Was wäre, wenn Thermondo sein Geschäftsmodell tatsächlich auf andere Branchen skalieren und zum Beispiel Rollladenbauern oder Sicherheitsunternehmen Konkurrenz machen würde? Was, wenn das Unternehmen seine eigenen Heizungen bauen würde? Das Holodeck der Enterprise galt auch einmal als Utopie.

Mangel macht Verkaufen leicht

Verkaufen war einmal ganz einst. Es herrschten sozusagen paradiesische Zustände für Unternehmer. In den 1950er-Jahren hatte niemand eine Waschmaschine, einen Kühlschrank oder gar ein Auto, aber alle wollten diese Produkte. Die Nachfrage überstieg das Angebot bei Weitem – ein Verkäufermarkt. Die Firmen kamen kaum noch mit der Produktion nach. Eigentlich brauchte man nicht einmal einen Vertrieb, der Kunde kam von selbst. Das ganze Zeug ging weg wie warme Semmeln. Der Kunde war dankbar, wenn er etwas kaufen durfte. Er wartete geduldig, bis er dran war. Der Preis war zweitrangig.

Hätte man den Verkäufern damals etwas von Kundennutzen erzählt, hätten sie vermutlich gelacht. 1962/1963 hatten neun Prozent der Haushalte in Deutschland eine Waschmaschine, 2003 waren es 94 Prozent, 2010 bereits 98 Prozent.

Seit 1970 hat sich die Zahl der Autos in Deutschland auf 44 Millionen Pkw verdreifacht. Das heißt, dass auf zwei Einwohner ein Auto kommt – im Schnitt hat also jede Familie zwei Autos. Smartphones gibt es zwar noch nicht so lange wie Waschmaschinen oder Autos, aber gerade die neuen Märkte entwickeln sich extrem schnell. Im April 2016 nutzten bereits 49 Millionen Deutsche ein Smartphone.

Nicht umsonst sind deutsche Unternehmen Exportweltmeister. Der Markt im eigenen Land ist in vielen Bereichen gesättigt, also muss man neue Märkte auftun. Doch auch die werden sich entwickeln und irgendwann gesättigt sein. Überhaupt ist Verkaufen in einer globalisierten Welt nicht einfach. Die Wettbewerber haben sich auf allen Märkten vervielfacht, viele von ihnen sind billiger als deutsche Unternehmen. Darüber hinaus kommen clevere neue Wettbewerber dazu, die sich die Digitalisierung zunutze machen. Sie verändern die Märkte und zwingen die etablierten Unternehmen zur Anpassung.

Der neue Kunde

Hinzu kommt, dass der Käufer sich bewusst ist, dass er mittlerweile das Sagen hat. Die Digitalisierung hat ihm ungeheure Möglichkeiten eröffnet, die er fleißig nutzt. Das Internet ist die bevorzugte Informationsquelle der Käufer, selbst wenn sie am Ende offline kaufen. Bevor der Kunde überhaupt kauft, liest er Bewertungen, bemüht Preisvergleichsportale, tauscht sich in Foren und auf Plattformen aus. Entschließt er sich zum Kauf, weiß er meistens mehr über das Produkt als der Verkäufer. Und das gilt nicht nur für den B2C-Bereich, sondern auch für den B2B-Bereich. Wir übertragen unser Verhalten und unsere Erwartungen vom privaten in den beruflichen Bereich.

Loyal oder markentreu ist der Kunde von heute kaum noch, aber schnell genervt. Das billigere oder bessere Angebot ist schließlich nur einen Mausklick entfernt. Bequem ist er auch: Er möchte 24 Stunden, sieben Tage die Woche shoppen können. Und wenn es regnet, macht er es am liebsten von der Couch aus. Schnell gehen soll es ebenfalls. Wenn er heute etwas bestellt, möchte er es morgen haben. Bequemlichkeit ist auch bei der Bezahlung gefragt, beim Umtausch, bei Sonderwünschen, bei Reklamationen, Änderungen etc.

Fazit: Der neue Kunde kommt nicht einfach vorbeimarschiert, weil er etwas braucht. Er muss umworben und überzeugt werden. Platte Werbesprüche, mit der Gießkanne verteilt, reichen dafür nicht aus.

Vom Absatz zum Marketing

Die Zeiten, wo es um Absatz ging, sind ein für alle Mal vorbei. Heribert Meffert hat das frühzeitig erkannt und schon 1969 an der Universität Münster das erste Institut für Marketing an einer deutschen Universität gegründet.

Definition Marketing

„Marketing ist die Wissenschaft und die Kunst, Wert zu entdecken, zu schaffen und zu liefern, um die Bedürfnisse eines Zielmarkts zu befriedigen und da-

bei Gewinn zu machen. Das Marketing identifiziert unerfüllte Bedürfnisse und Wünsche. Es definiert, misst und beziffert die Größe eines Markts und seines Gewinnpotenzials. Es stellt fest, welche Segmente das Unternehmen am besten bedienen kann, entwickelt und bewirbt die entsprechenden Produkte und Dienstleistungen."

Dr. Philip Kotler, amerikanischer Wirtschaftswissenschaftler

Ganz anders die Absatzwirtschaft: Sie wurde vom Produkt aus gedacht. Es wurden Produkte hergestellt, die dann irgendwie an den Mann beziehungsweise die Frau gebracht werden mussten. In einem Verkäufermarkt ist das auch kein Problem, zumal wenn die Produkte gut sind und das Preis-Leistungs-Verhältnis stimmt. Nicht zuletzt dadurch konnte „Made in Germany" zu einem weltweit akzeptierten Gütesiegel werden. Heute funktioniert diese Methode nicht mehr. Kein Unternehmen kann mehr davon ausgehen, dass seine Produkte ohne entsprechendes Marketing Käufer finden. Marketing ist inzwischen eine komplexe Angelegenheit, die eine passende Strategie braucht, wenn sie Erfolg haben soll.

Prof. Dr. Dr. Helmut Schneider, Inhaber des SVI-Stiftungslehrstuhls für Marketing und Dialogmarketing an der Steinbeis-Hochschule Berlin und Direktor von MOON – Institut für Strategisches Marketing, erklärt in seinem Buch „HWAIW ⧉. Eine kommentierende Einführung ins Marketing": „Der Kunde rückt vom Ende eines Wertschöpfungsprozesses an seinen Anfang. Nichts anderes ist mit dem Begriff der Kundenorientierung gemeint – das Denken in Produkten wird ersetzt durch das Denken in Kundenproblemen. Diese veränderte Wertschöpfung eines Unternehmens, eine Führung des Unternehmens vom Markt her, ist mit der Einführung des Marketingbegriffs vor rund 40 Jahren verbunden."

⧉ *startup-code.de/hwaiw*

Personalisierte Werbung vs. Gießkanne

Zu Anfang wurde Marketing oft mit Werbung gleichgesetzt. Wir alle kennen die Gießkannenwerbung in Form von Flyern, Plakaten, Werbung in Printmedien, im Radio oder im Fernsehen. Diese Form der Werbung wird auch heute noch eingesetzt, allerdings nicht als reine Produktwerbung, sondern auf emotionaler Ebene. „Kaufen Sie einen BMW" zum Beispiel wurde ersetzt durch „BMW – Freude am Fahren".

Im Internet setzt man heute auf passgenaue personalisierte Werbung, die den Nutzern per Algorithmus in den Weg gelegt wird. Und diese Form der Werbung macht nur ein kleines Segment des gesamten Marketingkonzepts aus. Das Marketing muss sich nicht alleine um den Kunden kümmern, sondern auch um alle anderen Stakeholder des Unternehmens wie Mitarbeiter, Lieferanten, Öffentlichkeit und Investoren sowie auch um alle Kanäle, in denen die Stakeholder präsent sind – offline, online, soziale Medien wie Facebook, Twitter und Co., Veranstaltungen etc.

Die Digitalisierung bietet die Möglichkeit, viele Informationen über die Kunden und ihr Verhalten zu sammeln, auszuwerten und für Marketingmaßnahmen einzusetzen. Als Internetnutzer kennen Sie das: Sie suchen auf Booking.com eine Unterkunft auf Sizilien, und schon erhalten Sie, wenn Sie auf ganz anderen Seiten surfen, Angebote für Hotels auf Sizilien.

Sie kaufen online Schuhe von Tommy Hilfiger, und noch Monate später werden Ihnen beim Surfen Angebote von Tommy Hilfiger unterbreitet. Sie suchen bei Google nach Führungsseminaren oder waren dreimal auf der Seite eines Beraters, und schon erhalten Sie beim Surfen dessen Werbung. Wenn Sie bei Amazon Bücher kaufen, egal ob gedruckt oder für den E-Reader, erhalten Sie Vorschläge, welche Bücher Sie noch interessieren könnten.

Dabei geht es nicht nur um Produktwerbung, sondern darum, die Kunden an die Unternehmen zu binden, „sie zu Fans zu machen", wie es so schön heißt. Doch dafür muss die Strategie umfassender sein. Man muss mehr bieten: eine Community, ein Forum Gleichgesinnter – möglicherweise online und offline – und gemeinsame Werte.

Menschen wollen sich zugehörig fühlen. Im B2B-Bereich kann man diese Entwicklung durchaus auch beobachten.

Netzwerk der Besten

Der Bodenspezialist Uzin Utz produziert seit 2007 unter der Marke Codex Verlegewerkstoffe für Fliese und Naturstein, 2017 wurde dafür sogar eine eigene Firma gegründet. Auf der Website codex-x.de können sich Fliesenleger registrieren und das Qualitätssiegel „Fliesenleger im Netzwerk der Besten" erwerben. Auf der Seite finden sie Ausschreibungen, können Aufträge suchen, Fachwissen erwerben, sich über neue Produkte informieren und vieles mehr. Die Fliesenleger werden in die Lage versetzt, ihre Qualifikation zu erhöhen, mehr Kunden zu gewinnen und die Wünsche ihrer Kunden besser zu erfüllen. Uzin Utz schafft durch diese Seite für seine Kunden, die Fliesenleger, einen Mehrwert und bindet sie so an das Unternehmen und dessen Produkte. Last but not least sind sie stolz darauf, zu den Besten zu gehören.

2.2 Verkaufen in gesättigten Märkten: Probleme lösen statt Produkte verkaufen

Wie also entscheidet jemand, der aus einem Überangebot ähnlicher Produkte und Dienstleistungen wählen kann, welches er letztlich kauft? Welche Zahnpasta soll es sein, wenn im Regal gleich 30 stehen, die alle weiße Zähne, wenig Karies und frischen Atem versprechen? Welchen Spritzgießer wird der Autozulieferer wählen, wenn alle nach denselben Normen zertifiziert sind? Wenn sich die Produkte und Leistungen immer ähnlicher werden, entscheidet letztlich der Preis oder die Marke, das Renommee.

Basarmentalität führt nicht weiter

Viele Unternehmen versuchen der wachsenden Konkurrenz aus China, Indien und anderswo mit Rabatten, Sonderaktionen und Ähnlichem Herr zu werden. Auch manche Verkäufer im B2B-Geschäft geben hohe Rabatte, damit der Umsatz stimmt und sie ihre Provision erhalten. Das ist eine Milchmädchenrechnung, die direkt in die Insolvenz führen kann. Wenn die Leute anfangen, ihre Wasserkocher und Kaffeemaschinen bei Amazon zu bestellen, statt in den Laden zu gehen wie bisher, nützt es überhaupt nichts, den Wasserkocher um zehn Euro billiger anzubieten. Der Kunde kommt nicht zurück.

Seien wir ehrlich – es ist doch so: Bis ich den passenden Wasserkocher gefunden habe, muss ich mehrere Läden abklappern, denn jeder hat nur ein begrenztes Angebot. Am Ende habe ich vielleicht keinen gefunden oder muss mir einen bestellen lassen. Bis er eintrifft, dauert das in der Regel viel länger als bei Amazon, und ich muss noch einmal Zeit opfern, um ihn abzuholen. Bei Amazon schaue ich mir Sonntagabend auf der Couch ein Sortiment von 50 Wasserkochern an, ein Klick, und am nächsten Tag ist er da – nicht zu vergessen die Bewertungen, die ich lesen kann.

Wenn sich der Markt durch neue Wettbewerber verändert, muss auch das Pricing angepasst werden. Das Pricing wiederum ist die Kernkompetenz eines guten Vertriebs. Wenn er nicht in der Lage ist, hier neue Strategien zu entwickeln, taumelt das Unternehmen unweigerlich in die zerstörerische Basarmentalität.

Ungleich besser wäre ein Ökosystem, in dem die Wertschöpfung so organisiert ist, dass am Anfang der Kunde steht, jeder profitieren (und überleben) kann, getragen von einem gemeinsamen Warum, gemeinsamen Werten und Zielen. Blauäugig? Vielleicht, doch unsere Gesellschaft wird sich durch Digitalisierung, Globalisierung und Demografie fundamental verändern. Auch unsere tayloristischen Wirtschaftsmodelle werden dann an ihre Grenzen stoßen. Ich behaupte nicht, dass es kein Wachstum geben wird – ganz im Gegenteil –, aber es wird auf einer anderen Basis stattfinden.

Die Sache mit dem Pferd

Welche Möglichkeiten haben Unternehmen noch, sich aus der Masse der Ähnlichen herauszuheben. Anders als die anderen – Differenzierung – ist momentan neben Nutzen- und Kundenorientierung das Mantra der Strategieberater. Man müsse sich vom Wettbewerber unterscheiden, so die zweifellos richtige Forderung. Das konkrete Wie bleibt immer etwas im Dunkeln.

Prinzipiell gibt es drei Möglichkeiten, sich zu differenzieren: auf der Produktebene, auf der produktbegleitenden Ebene und auf der emotionalen Ebene. Richtig ist sicherlich, dass sich Unternehmen, die dieselben Produkte oder Leistungen anbieten, nur noch über den Preis unterscheiden, und das ist, wie wir oben gesehen haben, die schlechteste aller Differenzierungen und endet im Verdrängungswettbewerb.

Qualität und modernste Technik können ebenfalls kaum noch als Unterscheidungsmerkmale dienen, denn sie werden vom Kunden regelals Standard erwartet. Und auch auf der produktbegleitenden Ebene, also im Service, erachtet der Kunde sehr viele Leistungen als selbstverständlich und ist kaum bereit, dafür zu bezahlen. Also brauchen wir etwas, das dem Kunden einen spezifischen Mehrwert bietet, und der liegt heute auf der Nutzenebene und auf der emotionalen Ebene.

»Startups haben kein Produkt. Sie gehen los und suchen nach einem Problem, einem unbefriedigten Bedürfnis und gehen dann ans Produkt.«

Der Kunde erwartet, dass die Unternehmen mit ihrem Angebot seine Probleme lösen. Doch bevor sie die Probleme lösen können, müssen Unternehmen zuerst die Probleme der Kunden kennen beziehungsweise finden. Dabei stehen sich viele Unternehmen selbst im Weg. Fragt man nämlich seine Kunden: „Welches Problem kann ich für dich lösen?", wird der Kunde vom Status quo ausgehen.

Damit sind wir bei der Sache mit den Pferden und dem Automobil. Henry Ford sagte: „Wenn ich die Leute gefragt hätte, was sie brauchen, hätten sie geantwortet: bessere Pferde." Damit sind wir auch wieder bei Clayton M. Christensen und seiner Erkenntnis, dass die Kunden etablierter Unternehmen in der Regel auf evolutionäre Innovationen setzen.

Schluss mit Warteschleifen

Hätte man in Callcentern gefragt, wie man verhindern könnte, dass sich die Kunden in der Warteschleife herumärgern, hätte man mit Sicherheit zur Antwort bekommen: Wir brauchen mehr Mitarbeiter. Das Startup virtualQ® hat einen virtuellen Assistenten entwickelt, der den Kunden das Warten abnimmt. Die Call-in- und Call-back-Lösungen schaffen sozusagen die Warteschleife ab und beheben so den Zielkonflikt zwischen gutem Service und niedrigen Kosten. Der Anrufer ärgert sich nicht mehr, die Kundenzufriedenheit steigt, das Callcenter braucht keine zusätzlichen Mitarbeiter, die Telefonate werden kürzer, weil die Kunden nicht als Erstes ihrem Ärger Luft machen, es bleibt mehr Zeit für Verkaufsgespräche. Servicezentren größerer Versicherungen interessieren sich bereits für das Produkt und setzen es ein.

Übrigens hatten die Gründer von virtualQ® nicht von Anfang an die „richtige" Idee für ihr Geschäftsmodell. Zunächst wollte das Team um Ulf Kühnapfel nämlich eine virtuelle Warteschlange für Clubgänger kreieren. Vor Ort – Sie erinnern sich: man muss rausgehen zum Kunden – zeigte sich schnell, dass die Idee der virtuellen Warteschlange zwar gut war, aber die Zielgruppe die falsche; virtualQ® machte also eine Kehrtwende (Pivot), änderte die Strategie und wandte sich an die richtige Zielgruppe. Das Modell funktionierte.

In diesem Kapitel geht es um das Heute, um die Situation, in der sich die Unternehmen jetzt befinden, um die Veränderungen und Herausforderungen, denen sie sich gegenübersehen, und um die Strategien, die sie einsetzen, um dem Wandel zu begegnen. Auf einige davon möchte ich im Folgenden eingehen und deren Grenzen aufzeigen.

Mit Emotion differenzieren

Wenn wir uns mit Emotionen befassen, gelangen wir schnell auf die Markenebene. Doch wie wir alle wissen, können auch große Marken untergehen. Außerdem erhebt sich die Frage, wie zum Beispiel die unzähligen Zulieferer der Automobilindustrie oder die vielen anderen namenlosen Hersteller von irgendwelchen Kleinteilen, die in anderen Produkten verbaut werden, zu einer Marke werden sollen. Wer einen BMW kauft, interessiert sich nicht dafür, wer das lärmdämmende Teil in der Türverkleidung hergestellt hat. Bleiben die Menschen, die ein Unternehmen ausmachen, und die Beziehungen, die sie zu ihren Kunden aufbauen. Letztlich sind es vor allem die Menschen, die eine Marke und ihr Image prägen.

Ich möchte nicht behaupten, dass es sich nicht lohnt, in Markenaufbau und Markenführung zu investieren. Es ist die wohl beste Möglichkeit, Fans statt Kunden zu gewinnen. Doch um eine Marke heute gut zu führen, muss man die digitalen Möglichkeiten nutzen, um mehr und genauere Informationen über jeden Kunden zu gewinnen. Das findet in vielen Unternehmen noch nicht statt. Es werden zwar CRM-Systeme angeschafft, aber häufig nicht richtig und konsequent genutzt.

Zahlreiche mittelständische Unternehmen haben noch nicht einmal eine Website, die auf Mobilgeräten sauber funktioniert – ein entscheidender Nachteil. Denn die meisten Kunden nutzen schon mobile

Geräte und erwarten, dass sie damit auf alle für sie wichtigen Informationen zugreifen können. Laut der ARD/ZDF-Onlinestudie hat das Smartphone 2016 erstmals den Spitzenplatz bei den meistgenutzten Geräten für den Internetzugang erobert.

66 Prozent der Deutschen und nahezu jeder der 14- bis 29-Jährigen gehen über das Mobiltelefon ins Netz. Damit liegt das Smartphone noch vor dem Laptop, den 57 Prozent für den Internetzugang nutzen. Und nicht nur das: Wer mobil online geht, bleibt im Durchschnitt 35 Minuten länger im Netz als die anderen, die täglich etwa zwei Stunden und acht Minuten online sind. Websites, die nicht für Mobilgeräte ausgelegt sind, werden außerdem schon jetzt von Google ignoriert.

Ähnlich verhält es sich mit den sozialen Medien. Die Facebook-Seiten vieler Unternehmen werden, wenn überhaupt, halbherzig gepflegt, der Twitter-Account nur sporadisch genutzt. YouTube und Flickr sind nur bei wenigen auf dem Schirm. Darüber hinaus investieren nur wenige mittelständische Unternehmen in Social-Media-Kompetenz, viele haben nicht einmal eine Pressestelle. Doch Beziehungen zwischen Menschen funktionieren nur mit Kommunikation, und der heutige Kunde erwartet Dialog, nicht Monolog. Markenführung wird künftig veränderte Mitarbeiterprofile, digitale Kompetenz und eine Vertrauenskultur im Unternehmen brauchen.

Also: Marke und Emotion ja, aber nur mit konsequenter und kompetenter Nutzung der digitalen Möglichkeiten.

Wertschöpfung des Kunden erhöhen

Im B2B-Bereich dringen die Unternehmen tief in die Wertschöpfung des Kunden ein. Ziel von immer mehr Unternehmen ist es, schon in die Produktentwicklung beim Kunden eingebunden zu werden. Das spart nicht nur Kosten, sondern bringt den Unternehmen einen Wettbewerbsvorteil – zum einen natürlich bei dem betreffenden Kunden, zum anderen im Gesamtmarkt, weil sie damit ihre Kompetenz als Problemlöser und insgesamt unter Beweis stellen können.

Je enger Unternehmen beim Kunden in die Prozesse eingebunden sind, desto direkter ist ihr Zugang zu den Entscheidern, sei es auf Geschäftsführungsebene oder auf Bereichsebene. Das gibt ihnen die Möglichkeit, ihre Kompetenzen zu zeigen, sich als innovativer Partner zu empfehlen und Beziehungen aufzubauen. Je enger und vielfältiger diese Beziehungen sind, desto geringer ist die Gefahr, dass bei Aufträgen der Preis die alles entscheidende Rolle spielt oder dass man sein Angebot auf einer Plattform abgeben muss.

Und je genauer man die Prozesse beim Kunden kennt, desto besser kennt man auch die Schwachstellen, die Probleme, die Wünsche und Befürchtungen. Eine weitere Chance, sich ein Stück weit zum unentbehrlichen Partner zu machen und zur Wertschöpfung des Kunden beizutragen, im besten Fall auch zur Wertschöpfung der Kunden des Kunden.

Wissen Sie, wie Sie die Wertschöpfung Ihrer Kunden verbessern können? Ist Ihnen bekannt, welche Sorgen Ihren Kunden und dessen Kunden plagen? Häufig haben deren dringendste Probleme gar nicht direkt mit Ihnen oder Ihren Produkten zu tun. Nutzen Sie alle Möglichkeiten, sich als erfahrener und vertrauenswürdiger Partner anzubieten?

As-a-Service-Modelle: kurzlebiger Ausweg

As-a-Service-Modelle sind derzeit ein beliebter Ausweg, um das Geschäftsmodell ein bisschen digital zu machen und doch nicht gleich alles zu verändern. Am weitesten verbreitet ist wohl Software as a Service: Man nutzt die Software, die man braucht, oft in der Cloud, aber kauft sie nicht, sondern bezahlt nutzungsabhängig.

Seit geraumer Zeit haben jetzt auch Hardware-Hersteller As-a-Service-Modelle für sich entdeckt. Rolls-Royce ist dafür das gern zitierte Paradebeispiel. Die Firma verkauft ihre Flugzeugturbinen nicht mehr, sondern sie verkauft den Schub. Die Fluglinien bezahlen nur für die tatsächlich abgerufene Triebwerksleistung. Attraktiv für die Fluglinien ist der Zusatzservice. Der Hersteller überlässt ihnen die Daten, die

die Turbinen während des Flugs sammeln. So können die Fluglinien erkennen, welche Flugweise am kostengünstigsten ist.

Der Kompressorenhersteller Kaeser verkauft Druckluft – nicht ganz uneigennützig, denn dadurch ist er voll in die Produktion seiner Kunden integriert und erhält wertvolle Daten. Damit kann er die Bedürfnisse seiner Kunden besser bedienen als andere, die die Hardware verkaufen, zum Beispiel durch vorausschauende Wartung.

As-a-Service-Modelle sind also gut geeignet, um zusätzlichen Kundennutzen zu generieren, doch der Weisheit letzter Schluss werden sie langfristig nicht sein. Früher oder später wird jemand auf die Idee kommen, zum Beispiel eine Plattform zu schaffen, über die der Kauf und Verkauf von Druckluft läuft.

Der Stahlhändler Klöckner macht vor, wie es geht: Das Unternehmen hat in Berlin mit Unterstützung der Digitalberatung etventure „kloeckner.i" gegründet, dessen Aufgabe es ist, „auf Basis digitaler Lösungen sämtliche Prozesse mit Lieferanten und insbesondere mit Kunden einfacher und effizienter zu gestalten". Kleineren Wettbewerbern soll das gesamte digitale Setup geboten werden. In zwei Jahren möchte der Stahlhändler mindestens 50 Prozent des Umsatzes über digitale Plattformen erzielen.

Von As a Service zur Plattform

As-a-Service-Modelle entkoppeln Produkt und Nutzen. Insofern können sie eine große Chance sein, den Schritt zur Plattform zu tun. Sie können durchaus die Vorstufe zur Plattform sein. Gemeinsam mit anderen Unternehmen und Startups können Plattformen aufgebaut werden. Der Bohrmaschinen-Spezialist Hilti zum Beispiel hat den Schritt zu einem As-a-Service-Modell getan, indem er für seine Kunden die Baustellenlogistik übernimmt und dafür sorgt, dass das richtige Werkzeug zum richtigen Zeitpunkt am richtigen Ort ist.

Mit der Software „Hilti ON!Track" bietet das Familienunternehmen seinen Kunden eine herstellerunabhängige Betriebsmittelverwaltung mittels RFID und Barcode-Scanner. Die cloud-basierte Software stellt die zentrale und synchrone Speicherung der Daten sicher, die über Internet und Smartphone jederzeit abgerufen werden können – ein erster Schritt zur Plattform.

Man muss sich davon lösen, dass Plattform gleichbedeutend mit den Riesen Amazon oder Google ist. Es geht auch eine Nummer kleiner. Idagio, ein Berliner Streamingdienst für klassische Musik, betreibt eine Plattform, die Künstler und Musikliebhaber verbindet. Die Künstler stellen ihre Aufnahmen zur Verfügung, bezahlt werden sie nach Reichweite. Die Nutzer bezahlen für das, was sie hören. Über die App kann nicht nur gestreamt werden, sondern es gibt eine Community, Konzerte werden angeboten, und sogar der direkte Kontakt zu den Künstlern soll möglich sein.

Die Maker-Plattform AISLER führt verschiedene Dienstleister rund um das Thema elektronische Schaltungen zusammen und ermöglicht den Endnutzern, Prototypen, Bausätze und kleine Serien zu einem günstigeren Preis und in kürzerer Zeit herzustellen.

Erfolg macht unkritisch

Der eine oder andere Leser wird sich jetzt gescholten fühlen und argumentieren, seinem Unternehmen gehe es trotz allem sehr gut und es gebe keinen Grund, die Strategie zu ändern.

»Für ein Unternehmen gibt es nichts Schlimmeres als 30 Jahre ununterbrochenen Erfolg.«

Nicht einmal Traditionsmarken sind vor dem Untergang gefeit. Wer erinnert sich noch an Horten, Quelle, Swissair, Pan Am, Borgward, Kreidler, Saba, Nixdorf, Holzmann, Neue Heimat oder Herstatt – Traditionsmarken, die die deutschen Wirtschaftswunderjahre prägten? Sie alle sind aus unterschiedlichen Gründen gescheitert: unternehmerische Fehlentscheidungen, Wirtschaftskrisen, interner Zwist etc. Quelle und Neckermann scheiterten unter anderem daran, dass man viel zu lange am unflexiblen Kataloggeschäft festhielt, während bereits die neuen Wettbewerber im Internet das Ruder übernahmen. Viel zu spät baute man eigene elektronische Handelsplattformen auf. Zu guter Letzt hatten beide Unternehmen neue Wettbewerber unterschätzt und sich selbst nicht infrage gestellt.

Oder denken Sie an den Niedergang der deutschen Motorradindustrie. Man hatte weder erkannt, dass sich das Motorrad vom Nutzfahrzeug zum Freizeitfahrzeug entwickelte, noch hatte man die japanische Motorradindustrie ernst genommen.

Wie lange werden die Strategien, die wir heute verfolgen, noch aufgehen? Amazon, Apple und Co. verfügen über einen entscheidenden Wettbewerbsvorteil, der sich in einem Satz zusammenfassen lässt: Sie besitzen die Schnittstelle zum Kunden und erleichtern ihren Kunden das Leben. Wie lange wird Honda noch Motorräder verkaufen können, wenn am Motorradmarkt ein „Tesla" auftaucht, ein Motorrad, das über die Software Sicherheitsfaktoren eingebaut hat, die Stürze vermeiden, die Performance des Fahrers verbessern, und verschiedene Sounds bereitstellt, die nur in den Ohren des Fahrers zu hören sind und nicht die Umwelt beschallen? Und in der Zeit, die es dauert, ein neues Honda-Modell zu entwickeln, hat der neue Konkurrent schon fünf Updates gefahren und ein neues Modell auf den Markt gebracht.

Übertrieben? Vielleicht. Doch ich bin überzeugt, dass es höchste Zeit ist, sich von den Strategien und Methoden, die bisher funktioniert haben, zu verabschieden oder sich zumindest Gedanken über Alternativen zu machen. Dazu brauchen Sie nicht gleich Ihr gesamtes Unternehmen umzukrempeln, aber erste Schritte halte ich für sinnvoll, zum Beispiel in einer kleinen Gruppe, die sich intensiv mit der Zukunft befasst. Konkrete Vorschläge dafür finden Sie in den Kapiteln 5 und 6.

Tipp: Erschaffen Sie den „Killerhai" – den gefährlichsten digitalen Wettbewerber, den Sie sich vorstellen können. Welche Eigenschaften müsste er haben, um Ihr Geschäftsmodell zu bedrohen? Wie müsste er aussehen, damit Ihre Kunden zu ihm überlaufen? Nehmen Sie Ihren Vertriebs- und Marketingleiter dazu, einen Entwickler und jemanden aus der Produktion und am besten noch einen Kunden, dem Sie ver trauen. Sie werden schnell sehen, dass es den <u>Killerhai</u> ⌕ wirklich gibt und dass er gar nicht so schwer zu erschaffen ist.

⌕ *startup-code.de/killerhai*

Wenn Sie sich nicht weit genug distanzieren können, holen Sie Externe, darunter möglichst einen Branchenfremden und einen digitalen Experten. Sie werden sich wundern, wie Ihr Unternehmen von außen betrachtet wird und wie bedrohlich der Killerhai wirken kann.

2.3 Demokratisierung von Wissen, Technologie und Marktzugang

Die Digitalisierung und das Internet haben dazu geführt, dass alles allen zugänglich ist. Früher war ein Arzt ein „Halbgott in Weiß". Heute muss er sich mit Patienten herumschlagen, die ihm Fragen stellen, auf die sie vor 20 Jahren gar nicht gekommen wären, weil sie gar nichts über die Krankheit wussten. Jetzt informieren sie sich im Netz. Früher „versteckten" Wissenschaftler ihre Erkenntnisse in Fachbüchern, die für die meisten Menschen unverständlich blieben.

Mittlerweile kann man die Ergebnisse wissenschaftlicher Forschung sogar in verständlicher Sprache lesen. Ganz ähnlich verhält es sich mit Technologie- und allen anderen Themen. Wissen und Information sind für jeden von uns zugänglich – nicht nur das Wissen weniger Menschen, die wir kennen, sondern das weltweite Wissen. Das Netz kennt keine Grenzen und keine Geheimnisse. Diese globale Zugänglichkeit verändert die Gesellschaft.

Für Unternehmen bedeutet das:

- Jeder ist ein potenzieller neuer Konkurrent.
- Digitalisierung multipliziert Globalisierung.

PC und Internet erlauben jedem die Gründung eines Unternehmens an jedem beliebigen Ort der Welt, sofern es eine Internetverbindung gibt. Der Gründer kann am Strand von Hawaii sitzen oder in Peking. Er kann im Zug arbeiten, im Café oder in einem Büro. Für ein digitales Produkt braucht er keine Immobilie und keine Maschinen. Er hat Zugang zum Wissen der Welt und kann sich via Internet mit anderen verbinden, die mit ihm zusammen an einer neuen App, einer neuen Plattform oder einem anderen digitalen Produkt arbeiten. Es stehen ihm sozusagen uneingeschränkte Ressourcen zur Verfügung. Er braucht sie nur zu nutzen.

Nach Angaben der Deutschen Stiftung Weltbevölkerung lebten Anfang Juli 2016 7,44 Milliarden Menschen auf der Erde. Jede Sekunde kommen durchschnittlich 2,6 Menschen hinzu. Stellen Sie sich das riesige Potenzial vor! Sicher: Nicht jeder wird Unternehmer, aber der Wettbewerb kommt heute von überall her, und er ist digital. Und die Menschen in den aufstrebenden Volkswirtschaften sind hungrig und ungeduldig.

Für Unternehmen bedeutet das:

- Der neue Wettbewerb braucht kein Kapital.
- Netzwerke schlagen geschlossene Organisationen.
- Geteiltes Know-how vervielfacht sich.

Die Nutzung von Software aller Art, Speicherplatz und Rechnerkapazität über die Cloud und Pay per Use machen es kostengünstig, ein Unternehmen zu gründen. Das Internet bietet alle Möglichkeiten, zu recherchieren – egal zu welchen Themen–, Umfragen zu machen, Produkte anzubieten und zu verkaufen, sich mit anderen auszutauschen und ein Netzwerk aufzubauen. Mitarbeiter brauchen nicht vor Ort zu sein. Wenn der beste App-Entwickler in Hongkong sitzt, kann er dort bleiben. Als Freelancer kann er ebenso gut vom heimischen PC aus arbeiten.

Selbst Sprache wird langfristig kein Hindernis mehr sein. Die Sprach- und Übersetzungsprogramme werden immer besser. Einem Gründer in der digitalen Welt stehen nahezu unbegrenzte Ressourcen zur Verfügung. Beschränkt wird er nur durch die Rahmenbedingungen, doch auch die werden durch die Digitalisierung ein Stück weit variabel.

Netzwerke sind notwendig, um mit den verschiedenen Marktveränderungen, die manchmal über Nacht kommen, mitzuhalten. Ein Unternehmen alleine hat niemals alle Ressourcen, um auf Veränderungen angemessen zu reagieren. Denken Sie nur an die IT-Kompetenz, an der es vor allem in kleineren Unternehmen mangelt. Es wäre doch jammerschade, wenn es in Ihrem Unternehmen eine tolle Idee für ein neues digitales Geschäftsmodell gibt, die nicht umgesetzt werden kann, weil es keinen Mitarbeiter mit den geeigneten Fähigkeiten gibt.

Netzwerke vervielfachen nicht nur die Ressourcen, Wissen und Kreativität, sondern bieten auch den Kundenzugang. Allerdings verlangt die Arbeit in Netzwerken auch, sich zu öffnen. Wer nicht darüber redet, was er braucht oder wo es hakt, dem wird auch niemand eine Lösung anbieten. Wer sein eigenes Know-how nicht teilt, dem werden andere auch kein Know-how zur Verfügung stellen. Vielleicht fragen Sie sich, weshalb jemand sein Know-how, sein Wissen oder seine Erfahrung mit anderen teilen sollte. Dann schauen Sie sich im Netz einmal genau um.

Auf unzähligen Blogs, in Foren und Communitys wird selbstverständlich geteilt. Wikipedia, Firefox und unzählige Open-Source-Programme beweisen, dass es Millionen von Menschen gibt, die teilen und sich für Projekte engagieren, von denen sie überzeugt sind. Der Austausch von Informationen beschleunigt die Entwicklung enorm. Der einzelne Entwickler profitiert von der Erfahrung und dem Wissen der anderen, muss nicht jeden Fehler selbst machen. Die gesamte Community profitiert vom Feedback der Nutzer zu eigentlich unfertigen Produkten. Und: Menschen, die einbezogen und gehört werden, werden zu Fans.

Ein gutes Beispiel dafür sind die Communitys, die sich um verschiedene Unternehmen oder Produkte entwickelt haben, zum Beispiel um den Elektronikhändler Conrad. Auf der Plattform beantworten User die Fragen anderer User, äußerst kompetent und auf hohem Niveau – ein erstklassiges Kundenbindungsinstrument. Schon einmal darüber nachgedacht, eine offene Entwicklungsplattform zu starten und dort schwierige Fragen zu platzieren? Vermutlich werden Sie sehr schnell sehr kompetente Antworten und Vorschläge erhalten.

Heutige Unternehmen dagegen sind zum großen Teil geschlossene Organisationen. Sie bewahren ihre Geheimnisse, der Kontakt nach außen ist im Wesentlichen auf Vertrieb, Service und Einkauf beschränkt. Dem Unternehmen stehen eine begrenzte Anzahl von Mitarbeitern und beschränkte Ressourcen zur Verfügung. Es kann keine hohen Risiken eingehen, weil es große Verpflichtungen hat: Mitarbeiter, Produktionsmittel, Immobilien, Kredite etc.

Die Oberfläche zur Welt außerhalb des Unternehmens ist vergleichsweise gering. Es ist wie bei einem Baum: Je mehr kleine Äste mit vielen Blättern er hat, desto besser kann er Licht und Wasser aufnehmen und verarbeiten und desto besser gedeiht er.

Das Märchen vom Wissensarbeiter

Man liest und hört es überall: Der Mitarbeiter der Zukunft ist ein Wissensarbeiter. Peter Drucker, der diesen Begriff bereits 1959 prägte, hat 1968 geschrieben: „Wissensarbeit produktiv zu machen ist die große Managementaufgabe dieses Jahrhunderts, so wie es die große Aufgabe des vergangenen Jahrhunderts war, manuelle Arbeit produktiv zu machen." Er bezeichnete die Produktivität der Wissensarbeiter als „entscheidenden Wettbewerbsfaktor in der Weltwirtschaft". Doch was charakterisiert Wissensarbeiter?

Meiner Ansicht nach ist der Begriff Wissensarbeiter irreführend. Wenn Menschen viel wissen, heißt das noch lange nicht, dass sie kreativ oder innovativ sind oder gar unternehmerisch denken. Wissen verliert mit der fortschreitenden Digitalisierung und Vernetzung an Bedeutung. Es steht heute überall unentgeltlich zur Verfügung und veraltet schneller, als man es sich aneignen kann.

Viel wichtiger ist es, Wissen und Erfahrung aus unterschiedlichen Gebieten zu verknüpfen, daraus neue Gedanken und Ideen zu entwickeln. Nicht das Wissen unterscheidet uns von anderen, sondern das, was wir daraus machen. Doch leider ist auch unser Bildungssystem darauf ausgerichtet, die Menschen mit Wissen vollzustopfen, das sie sowieso größtenteils wieder vergessen.

Jeder braucht sicherlich ein Basiswissen, aber viel wichtiger ist das Training, Schlüsse zu ziehen, fächerübergreifend, vernetzt und quer zu denken und zu arbeiten, kreativ zu sein. Kommen diese Fähigkeiten mit digitaler Kompetenz zusammen, bestehen die besten Voraussetzungen für Innovation.

Die Tischkicker, die es seit Kurzem in vielen Unternehmen gibt, offene Büros, Lounges und vieles mehr, was unter dem Schlagwort Arbeit 4.0 oder Office 4.0 läuft, sind der Versuch, eine Umgebung zu schaffen, in der Kreativität gedeiht. Doch die Umgebung alleine ist es nicht, was Kreativität und Innovation hervorbringt. In vielen Unternehmen herrscht noch immer ein Klima, das es kreativen Menschen mit eigenem Kopf schwer macht, dort produktiv zu arbeiten.

Gerade die Einstellung junger Menschen zur Arbeit hat sich verändert. Statussymbole sind ihnen längst nicht so wichtig wie den Generationen vor ihnen. Stattdessen legen sie großen Wert auf die Unternehmenskultur, auf das Arbeitsklima oder wie immer Sie es nennen möchten. Sie wollen möglichst Arbeitsort und Arbeitszeit selbst bestimmen, wünschen sich moderne mobile Geräte, Verantwortung und eine sinnvolle Arbeit.

Dem gegenüber steht in vielen Unternehmen ein tayloristisches Führungsverständnis, das auf Arbeitsteilung und Kontrolle setzt. Keine gute Voraussetzung, um kreative Köpfe oder Wissensarbeiter an sich zu binden, und kein guter Nährboden für Innovation. Interessant sind in diesem Zusammenhang die Studien zum Innovationsklima der Deutschen Aktionsgemeinschaft Bildung – Erfindung – Innovation (DABEI). Sie listen die fünf größten Innovationswiderstände in deutschen Unternehmen auf:

- kurzfristiges Wirtschaften
- Besitzstandswahrung
- Bürokratie
- Angst vor Veränderung
- unflexible Organisationen und Abteilungsdenken

Doch Innovation ist eine Investition in die Zukunft. Dabei geht es um Gestaltung und nicht um Verwaltung. Innovation bedeutet schöpferische Zerstörung. Das erreicht man nicht mit einer Vollkaskomentalität. Innovation ist nicht beherrschbar, denn der Innovationsprozess funktioniert nicht wie ein Produktionsprozess.

Letztlich geht es darum, Menschen einen Rahmen zu bieten, in dem sie ihre Kreativität und Kompetenz entfalten können und damit neue Welten erschließen. Doch viele unserer Unternehmen sind auf Effizienz getrimmt. Sie stehen unter ständigem Kostendruck. Hier ist die Angst vor Veränderung mit am größten. Die viel beschworenen flexiblen, veränderungsbereiten Organisationen, mit denen wir die Zukunft meistern sollen, stehen jedoch in krassem Gegensatz zu kurzfristigem Wirtschaften, Besitzstandswahrung und Bürokratie.

Ergo: Solange wir unsere Organisationen nicht von Grund auf ändern, wird es mit der Wissensarbeit – oder besser: mit der kreativen Arbeit – nicht vorangehen, und echte Wissensarbeiter werden lieber in Startups arbeiten oder ihr eigenes gründen, statt in stark hierarchischen und reglementierten Organisationen ein trauriges Dasein zu fristen.

2.4 Die Effizienzfalle

„Erfolgreiches unternehmerisches Handeln verlangt die Gleichzeitigkeit von Effektivität und Effizienz. Einerseits geht es darum, ein Gespür für die richtigen Dinge, für die richtigen Angebote in seinem Markt zu haben (Effektivität). Andererseits müssen diese auch richtig gemacht und umgesetzt werden (Effizienz).“

Prof. Dr. Dr. Helmut Schneider, Direktor von MOON – Institut für Strategisches Marketing

Der Marketingexperte geht davon aus, dass der Grund, weshalb so viele Unternehmen in die Effizienzfalle tappen, im zeitlichen Zusammenspiel von Effektivität und Effizienz liegt. Er erklärt das folgendermaßen:

„Am Anfang unternehmerischer Tätigkeit steht die Effektivitätsfrage. Sie ist Effizienzüberlegungen zeitlich vorgelagert, da eine Sache richtig zu machen die Kenntnis der richtig zu machenden Sache voraussetzt. Im Gründungsprozess richtet sich die Aufmerksamkeit folgerichtig fast ausschließlich auf die Effektivitätsdimension des Markthandelns. Anschließend wendet sich die Perspektive. Logischerweise steht nun die Frage im Vordergrund, wie anfängliche Effizienzdefizite einer effektiven Idee durch kontinuierliche Verbesserungen überwunden werden können.“

Nach und nach befassen sich die Unternehmen laut Schneider vorwiegend mit der Verbesserung der Effizienz und verlieren die Effektivität aus den Augen – sie tappen in die Effizienzfalle und verlieren darüber Marktveränderungen aus dem Blick. Der Professor empfiehlt, immer wieder „die Frische des eigenen Geschäftsmodells zu reflektieren und die Aufmerksamkeit des Managements gleichgewichtig auf die Effizienz- und die Effektivitätsdimension zu lenken“.

Gerade deutsche Unternehmen befassen sich jedoch vorwiegend mit der Effizienz. Sie werden weltweit für ihre hohe Effizienz bewundert. Nur so ist es ihnen bisher gelungen, sich als Hochlohnland auf den internationalen Märkten zu behaupten. Doch die Konzentration auf die Effizienz führt häufig zu einer Verschlechterung der Effektivität. Die Unternehmen konzentrieren sich so auf die Effizienz ihrer Abläufe, Prozesse und Kosten, dass sie nicht mehr in der Lage sind zu erkennen, welche Entwicklungen tatsächlich hin-ter ihren Problemen stecken.

So ergeht es vielen Unternehmen auch mit der Digitalisierung. Ihr Verständnis der Digitalisierung hört bei Industrie 4.0 auf. Sie trimmen ihre Unternehmen und deren Prozesse mithilfe der IT auf maximale Effizienz und übersehen dabei, dass Digitalisierung viel mehr ist. Deutsche Unternehmen sind nicht zu „dumm", um die Digitalisierung zu nutzen, doch sie haben die falsche Einstellung dazu und beschränken sich auf Teilaspekte.

Effektivität vs. Effizienz

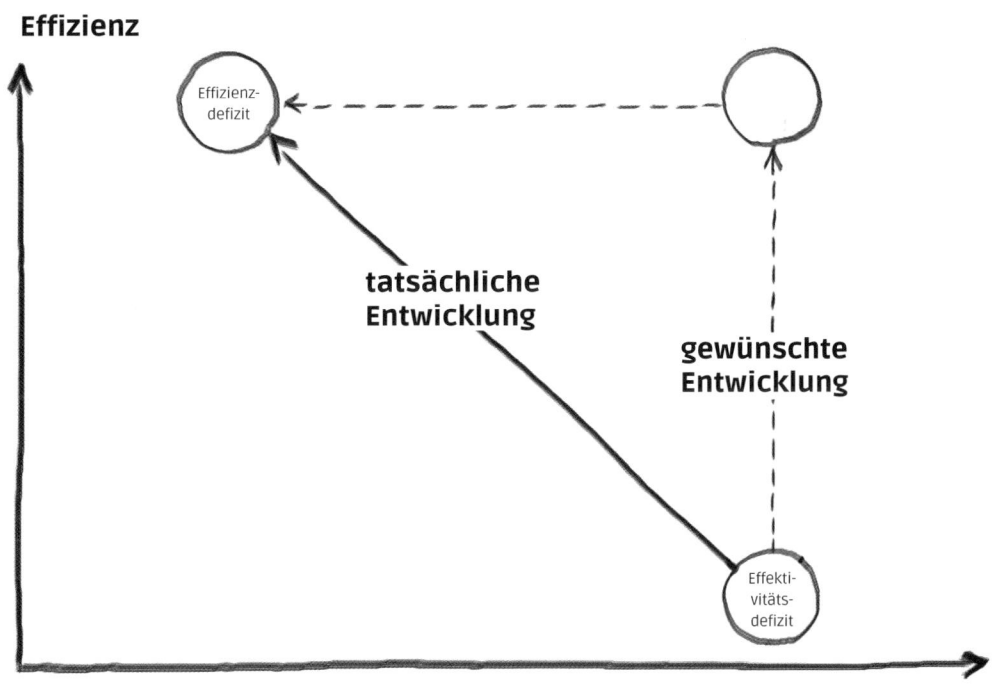

Abbildung nach Prof. Dr. Dr. Helmut Schneider

Hohe Effizienz – niedrige Effektivität

So nutzen die meisten Unternehmen neue Technologien zur Optimierung ihrer Wertschöpfungskette, für die Automatisierung der Produktion und schlankere administrative Prozesse. Disruptive Innovationen bei Produkten und Dienstleistungen sowie gänzlich neue digitale Geschäftsmodelle sind bisher die Ausnahme. Das ist nicht weiter verwunderlich, denn viele Unternehmenslenker fühlen sich von den radikalen Veränderungen überfordert und tun sich schwer, die ganze Dimension zu erfassen.

Wenn es um Disruption geht, helfen die Methoden des klassischen strategischen Managements nicht mehr viel weiter. Weil man aber durchaus die Chancen sieht, wird in IT investiert, und ab geht's in die Effizienzfalle, denn die Digitalisierung wurde nur oberflächlich verstanden und nicht in die Tiefe durchdacht. Am Ende scheitert die Digitalisierung nicht am Know-how, sondern an fehlendem Verständnis.

Ergo wäre es sinnvoll, zunächst nicht um jeden Preis an der Effizienzschraube zu drehen, sondern sich zunächst darüber klar zu werden, welche Möglichkeiten sich bieten und wo man eigentlich hinwill. Wer sich nur um die Effizienz kümmert, verliert die Effektivität aus den Augen.

Wenn man das Unternehmen mit einem Flugzeug vergleicht, wird klar, worum es geht: Ein Pilot sollte, bevor er startet, wissen, wo sein Zielflughafen liegt, und auf diesem dann auch landen – Effektivität. Unterwegs sollte er möglichst wenig Sprit verbrauchen, Turbulenzen umfliegen und am Ende sicher landen – Effizienz. Alles gut, die Passagiere sind zufrieden. Wenn der Pilot die Effektivität außer Acht lässt, landet er auf dem falschen Flughafen, auch wenn er sonst alles richtig gemacht hat.

Man könnte es auch mit Peter Drucker halten. In seinem <u>Buch „The Effective Executive"</u> ⫐ schreibt er, Effektivität bedeute für ihn, „die richtigen Dinge zu tun", Effizienz „die Dinge richtig zu tun". Anders ausgedrückt: Wer sich auf die Effizienz konzentriert, befasst sich mit dem Prozess; der Effektive konzentriert sich auf das Ziel/Ergebnis. Angesichts der operativen Dringlichkeiten ist es schwierig, das Ziel im Fokus zu behalten. Die wichtigen Dinge gehen dabei schnell unter. Wir lassen uns von den Dringlichkeiten dazu verleiten, das wirklich Wichtige zu vergessen.

startup-code.de/effective-executive

»Unternehmen müssen die richtigen Dinge richtig tun.«

Peter Drucker

Sobald etwas nicht rundläuft, wird oft nicht nach den tatsächlichen Ursachen gesucht. Zum Beispiel könnten die Produkte nicht mehr die richtigen sein, oder ein neuer Wettbewerber ist aufgetaucht etc. Stattdessen versuchen die Unternehmen an der Effizienzschraube zu drehen, und suchen im operativen Bereich nach Lösungen.

Bestimmt kennen Sie auch die Mitarbeiter, bei denen Sie immer das Gefühl haben, dass sie „nicht richtig arbeiten". Könnte daran liegen, dass sie keine klaren Ziele haben. Die Effektivität fehlt. Hierzu passt auch die Erkenntnis, dass einer Ertragskrise immer eine Strategiekrise vorangeht.

Konzentrieren Sie sich nicht ausschließlich auf die Aufwandsoptimierung und den geringstmöglichen Einsatz, sondern auf Ziele, Ihre strategische Ausrichtung. Das gilt auch und ganz besonders, wenn es um die Digitalisierung und neue Geschäftsmodelle geht.

Je mehr Effizienz, desto entfernter ist der Kunde

Die Konzentration auf Effizienz bedeutet auch, dass sich Unternehmen mit sich selbst beschäftigen statt mit dem Kunden und dem Markt. Führen Sie sich die viel beachteten Kostensenkungsprogramme großer Konzerne vor Augen. Das erzeugt regelmäßig schlechte Stimmung in den Unternehmen. Die Mitarbeiter, eigentlich diejenigen, die die großen Strategieprogramme umsetzen sollen, sind verunsichert, ducken sich weg und schieben am Ende Dienst nach Vorschrift.

Auseinandersetzungen mit Betriebsrat und Gewerkschaften lähmen das Unternehmen. Das Ziel solcher Aktionen – bessere Erträge – wird meistens nicht oder nur kurzzeitig erreicht. In solchen Zeiten bleiben keine Kapazitäten, um sich damit auseinanderzusetzen, woran es denn wirklich liegen könnte, dass die Erträge nicht stimmen. Das Unternehmen verliert den Kontakt zu seinen Kunden.

So ähnlich geht es auch Unternehmen, die ständig mit der Optimierung ihrer Prozesse beschäftigt sind. Sie arbeiten von innen nach außen. Sie haben keine Zeit mehr, sich mit den Ursachen dessen zu beschäftigen, was gerade wirkt. Wenn wir davon ausgehen, dass es der Kunde ist, der dafür sorgt, dass ein Unternehmen prosperiert, sollte man umgekehrt arbeiten – von außen nach innen. Nicht mit sich selbst müssen sich Organisationen beschäftigen, sondern mit dem Kunden. Entscheidungen, die ohne Kundenkontakt getroffen werden, können nicht gut sein.

Was treibt Innovation und Entwicklung an?
Der Markt und der Kunde mit seinen Bedürfnissen, allerdings beileibe nicht nur die eigenen Kunden. Technologische Entwicklungen und Fortschritte führen zu Veränderungen der Marktbedingungen und zu neuen, anderen Kundenbedürfnissen.

Jedes Unternehmen sollte sich immer wieder fragen:

- Welche Entwicklungen treiben unsere Märkte?
- Welche Veränderungen könnten unser Geschäft bedrohen?
- Welche sind die Kundenbedürfnisse der Zukunft?

Natürlich bringt es nichts, jedem Trend hinterherzulaufen, doch ist es unbestritten sinnvoll, Suchfelder zu identifizieren, Felder, in denen Sie sich Chancen ausrechnen. Dabei sollten Sie durchaus „groß" denken. Allerdings sollten Sie sich auch nicht darauf verlassen, dass dieser oder jener Technologietrend sich durchsetzen wird. Es kann auch ganz anders kommen.

Experten gehen aktuell davon aus, dass sich in den kommenden 25 Jahren Technologien durchsetzen werden, die es noch gar nicht gibt oder die wir nicht erkennen, obwohl sie schon da sind. Viel wichtiger ist es, die Organisation so aufzustellen, dass sie mit ständigem Wandel zurechtkommt. Dazu brauchen Sie vor allem den Austausch im Unternehmen, bereichsübergreifend und auch und gerade mit Branchenfremden. In sich abgeschottete Organisationen beschränken sich selbst.

Zetsche experimentiert in der Daimler-Welt

Daimler-Chef Dieter Zetsche hat auf dem Pariser Autosalon 2016 eine Revolution von oben verkündet. Der Autobauer will den Technologiewandel vom Kundenerlebnis her neu denken. Dafür hat man die Plattform „CASE" ins Leben gerufen: Vernetzung (Connected), Autonomes Fahren, Sharing und Elektromobilität. Doch das ist längst nicht alles. Agil wie ein Startup möchte man auch noch werden. Zetsche hat offensichtlich erkannt, dass sich die Organisation ändern muss. Unter dem Motto „Leadership 2020" soll sich die Unternehmenskultur ändern – mehr Schnelligkeit, mehr Flexibilität, mehr Risikofreude und mehr unkonventionelle Ideen sind gefragt.

Dafür sollen dem Konzern auch neue Strukturen verpasst werden. „Wir stellen uns vor, dass wir kurzfristig, innerhalb von einem halben Jahr oder Jahr, rund 20 Prozent der Mitarbeiter auf eine Schwarm-Organisation umstellen", sagte Zetsche im September 2016 der Frankfurter Allgemeinen Zeitung. Im Projekt CASE sollen drei bis vier Prozent dieser Mitarbeiter im Schwarm tätig sein.

Im November und Dezember 2016 stellte das Unternehmen einen Pop-up Space auf, in dem insgesamt 1.000 Mitarbeiter aus unterschiedlichen Abteilungen und Standorten mit Design Thinking vertraut gemacht wurden, einer Methode aus dem Startup- und IT-Bereich, kreativ von den Kundenbedürfnissen aus zu denken (Kapitel 6). Die Mitarbeiter fanden es toll. Innerhalb weniger Stunden waren sämtliche Termine ausgebucht, egal ob zweistündige Schnupperkurse oder mehrtägige Kreativmarathons. „Es ist klar, dass wir dafür auch dauerhaft Räume schaffen müssen", sagte IT-Chef Jan Brecht. Tatsächlich soll mit dem Kulturwandel auch ein neues Raum- und Bürokonzept entstehen.

2.5 Der langfristige Plan versagt

Ich habe es gleich zu Anfang deutlich gemacht: Die Welt dreht sich immer schneller. Von heute auf morgen kann sich alles verändern, was wir für nahezu unveränderlich gehalten haben. Fukushima und Lehman sind nur zwei Beispiele dafür. Digitale Kameras haben dem analogen Fotografieren in Rekordzeit den Garaus gemacht und gleichzeitig ein Ökosystem geschaffen, in dem viele Angebote rund um die Digitalfotografie entstanden sind: Speicher in der Cloud, Software zur Bildbearbeitung, Plattformen, auf denen man nicht nur Fotobücher, sondern auch Kissen, Handyhüllen, Kalender und vieles mehr gestalten kann. In den Drogeriemärkten sind Stationen für den Fotoausdruck entstanden. Das Smartphone hat alle anderen Handys überflüssig gemacht und konkurriert mit digitalen Kameras, MP3-Playern, Diktier- und Navigationsgeräten.

Exponentiell statt linear

Sobald die Digitalisierung im Spiel ist, geschehen Veränderungen nicht mehr linear, sondern exponentiell; das bedeutet, die Technik von morgen ist doppelt so gut wie heute, übermorgen viermal so gut, dann achtmal, sechzehnmal usw. Als Endpunkt dieses exponentiellen technischen Wachstums sieht Ray Kurzweil, dass Maschinen sich selbst verbessern. Ein Beispiel exponentiellen Wachstums, das wir schon lange kennen, ist die Vermehrung von Bakterien in Lebensmittelproben.

In einer exponentiellen Welt tun wir uns schwer, denn bisher lebten wir in einer sich linear entwickelnden Welt. Eine lineare Entwicklung beschreibt eine Entwicklung, die stetig, in gleich großen Schritten verläuft. Alles geschah nach mehr oder weniger festen Regeln, sogar die Konjunkturzyklen und Wirtschaftskrisen folgten einem Plan. Damit ist es vorbei. Ungewissheit wird zur neuen Normalität.

Seit der Finanzkrise 2009 gibt es keine sanft geschwungenen Konjunkturzyklen mehr. Sie sehen eher aus wie zerklüftete Gebirge. Managern fällt es immer schwerer zu entscheiden, wie viele Rohstoffe sie einkaufen sollen, ob sie neue Mitarbeiter einstellen oder in neue Produktionsanlagen investieren sollen. Das alles bindet Ressourcen, die man vielleicht schon nach kürzester Zeit dringend braucht. Letztlich ermöglichen uns weder Megatrends noch Szenariotechniken, noch der Kondratrieffzyklus zuverlässige Prognosen. Sie alle basieren auf dem Glauben an die Linearität der Entwicklungen.

Strategie ja, aber

Angesichts dieser rasanten Veränderungen geraten immer mehr erfolgreiche Unternehmen ins Grübeln. Was taugen die mühsam erarbeiteten langfristigen Strategien? Wie lange werden die perfekten Produkte noch ihre Abnehmer finden? Kann ich mir überhaupt noch die Zeit für aufwendige Strategiediskussionen nehmen, und bringen sie mich weiter? Sind sie nicht Schall und Rauch, wenn der nächste Amazon auftaucht?

Ich bin überzeugt, dass Unternehmen Strategien brauchen. Strategie sorgt für Effektivität und setzt Ziele. Doch ich glaube nicht, dass sie noch so langfristig ausgerichtet sein kann wie bisher. Und die Prioritäten müssen anders gesetzt werden. Es wird viel mehr als bisher darum gehen, neue Geschäftsmodelle zu erarbeiten und die Menschen zu entwickeln, damit das Unternehmen besser auf Veränderungen vorbereitet ist. Allzu langfristige Strategien binden Ressourcen, was möglicherweise dazu führt, dass man auf kurzfristige Marktveränderungen nicht reagieren kann. Viele Strategien werden sowieso nie umgesetzt. Manchmal ruht sich das Unternehmen auch auf der Strategie aus und schaut nicht mehr nach links und rechts, frei nach dem Motto: „Wir wissen, was wir zu tun haben."

»Unsicherheit kann man nicht beherrschen, aber man kann damit umgehen.«

Kluge Unternehmer und Manager verabschieden sich jedoch nicht von der Planbarkeit, ohne sich auch von einigen anderen Dingen aus dem 20. Jahrhundert zu verabschieden. Sie geben Gestaltungs- und Entscheidungsverantwortung an Wertschöpfungsteams ab, lernen mit Unsicherheit umzugehen, sorgen für bereichsübergreifende Vernetzung, nutzen Tools wie Lean Startup, Design Thinking etc., um ihre Agilität zu erhöhen.

2.6 Die neue Plattformökonomie

Wir sehen uns immer mehr Plattformen gegenüber. Plattformen haben einen riesigen Vorteil: Sie stellen nichts her, brauchen keine großen Lager und keine Produktionsstätten. Stattdessen verfügen sie über eine Unmenge von Daten über ihre Nutzer und damit über die Schnittstelle zum Kunden.

> *„Plattformen möchten nicht die Besten im Spiel sein, sondern die Regeln des Spiels bestimmen. Sie sind ökonomische Ökosysteme, die Geld verdienen, indem sie Dritten ermöglichen, Geld zu verdienen."*
> *Sascha Lobo, Buchautor und Blogger*

Plattformen haben den Kunden beziehungsweise seine Daten fest im Griff, und nicht nur das: Der Plattformbetreiber verfügt auch über das Kundenwissen. Damit kann rund um die Plattform weiterer Nutzen geschaffen werden, etwa in Form zusätzlicher Angebote, die auf den individuellen Bedürfnissen der Kunden beruhen. Je mehr Menschen sich über eine digitale Plattform vernetzen, desto attraktiver wird sie. Am Beispiel von Google oder Apple iTunes wird deutlich, welchen Einfluss Plattformen auf ganze Branchen haben können.

Plattformen vs. Branchen

Bei Apple sind mehr als eine halbe Milliarde Kundendaten registriert. Mit den Servern sind über 300 Millionen iPhones, iPods und iPads verbunden. Laut dem Branchenanalysten Horace Dediu dominiert das US-Unternehmen den digitalen Musikmarkt mit 74 Prozent. In Deutschland sind der Musikindustrie durch Musikplattformen von 2002 bis 2012 insgesamt 40 Prozent ihres Umsatzes verloren gegangen.

Die Suchmaschine Google erreicht in Europa einen Marktanteil von über 90 Prozent, in Deutschland sogar 95 Prozent. Google weiß, was wir suchen, wann wir es suchen, und kann uns mit diesem Wissen bei unserer Suche immer bessere Ergebnisse liefern und uns gleichzeitig passgenaue Werbung anzeigen. Immerhin gehen schon zehn Prozent aller weltweiten Werbeausgaben an Google, das damit die größte Werbeplattform überhaupt ist.

»Wer die Schnittstelle zum Kunden besetzt, gewinnt!«

Gisbert Rühl, Vorstandschef bei Klöckner, sagte zur Gründung von „klöckner.i", er wolle nicht derjenige sein, der sich vom Algorithmus eines anderen Plattformbetreibers abhängig mache, der ihm Aufträge zuweise. Da wolle er doch bitte schön selbst derjenige sein, der das in der Hand habe.

Fremde Plattformen nutzen

Nicht jedes Unternehmen kann eine eigene Plattform aufbauen. Oft wird es nicht ausreichend Anbieter und Abnehmer finden, die mitmachen wollen. Doch man sollte der Bedrohung durch Plattformen ins Auge sehen, auch wenn man in einem Nischenmarkt tätig ist. Der Nischenmarkt bietet keinen Schutz vor einem disruptiven Geschäftsmodell.

Christian Gülpen vom Lehrstuhl für Technologie- und Innovationsmanagement an der RWTH Aachen sagt: „Nehmen Sie einen Hersteller von Verpackungsmaschinen für Weißwürste. Was passiert, wenn er beschließt, keine Maschinen mehr zu verkaufen, sondern seinen Kunden die Verpackung der Weißwürste als Dienstleistung anzubieten – Factory as a Service? Er hat das Wissen und die Kontakte dafür und kann das Modell sogar auf die Hersteller anderer Würste ausdehnen.

Mit dieser Aktion könnte er seine ganze Branche durcheinanderrütteln, denn wer wird noch eine teure Wurstverpackungsmaschine kaufen wollen? Doch er sollte damit nicht zu lange warten. Für so ein Geschäftsmodell braucht man nämlich nicht unbedingt Branchenwissen. Ein cleverer Newcomer könnte auf einer Plattform Verpackungsmaschinen- und Wursthersteller zusammenbringen."

Wer keine eigene Plattform entwickelt, wird früher oder später mit Plattformen von anderen arbeiten müssen. Das kann jedoch auch Chancen bieten. Gülpen geht davon aus, dass der Kontakt zwischen Lieferanten und Kunden im B2B-Bereich nicht unbedingt verloren geht. „Sicherlich tritt der Markenname der Lieferanten häufig hinter einer erfolgreichen Plattform zurück. Auf der anderen Seite haben gerade weniger bekannte Unternehmen die Chance, über eine Plattform von einer größeren Zahl potenzieller Kunden wahrgenommen zu werden und sich einen neuen Vertriebsweg zu erschließen. Die Chancen überwiegen in vielen Fällen die Risiken", ist er überzeugt.

MyHammer – zusätzlicher Vertriebskanal fürs Handwerk

Die Plattform bringt Handwerker und Menschen, die einen Handwerker suchen, zusammen. Der Verbraucher kann entweder per Ausschreibung oder per digitalem Branchenbuch nach einem für sein Projekt geeigneten Profi suchen. Von Handwerkerseite darf nur mitmachen, wer seine Qualifikation nachweisen kann. Bei der Überprüfung ist für die Plattformbetreiber die Handwerksordnung maßgeblich.

In Bereichen, in denen Meisterpflicht besteht, muss der Handwerker seinen Meisterbrief vorlegen. Fliesenleger zum Beispiel sind meisterfrei. In diesem Fall werden eine Gewerbeanmeldung und eine Handwerkskarte verlangt. Für den Verbraucher ist der Plattformservice kostenlos, die Handwerker bezahlen eine feste Pauschale pro Monat. Dafür haben sie ein Profil, das auch über Google gefunden wird, können verschiedene Funktionalitäten der Plattform im Servicebereich nutzen und auf beliebig viele Ausschreibungen reagieren. „Für die Handwerker ist die Plattform ein zusätzlicher Vertriebskanal", sagt Unternehmenssprecher Daniel Dodt. „Zurzeit geschieht in vielen Handwerksbetrieben die Übergabe an die nächste Generation, und die ist sehr interessiert am Internet.

Doch gerade in kleinen Betrieben fehlen oft Zeit, Geld und Fachwissen, um gleich eine professionelle Website zu erstellen. Das Profil auf der Plattform ist ein erster Schritt." Vor allem Neulinge werden durch das Plattformteam unterstützt: „Wir schulen die Handwerker auf unser System, zeigen ihnen die Möglichkeiten, ermutigen sie, sich durch die Gestaltung ihres Profils oder durch Spezialisierung von Mitbewerbern abzuheben", sagt Dodt. „In unserem Nachrichtenzentrum gibt es unter anderem Formulierungshilfen, sodass die Handwerker schnell und professionell auf Anfragen antworten können."

Wer liefert was – Marktplatz für Einkäufer und Anbieter

Die Nutzer der Plattform kommen überwiegend aus dem klassischen Mittelstand, aus Unternehmen mit fünf bis 200 Mitarbeitern. Sie kommen aus allen Branchen, hauptsächlich aus dem produzierenden Gewerbe. Im Mai 2016 wurden 3,5 Millionen Produkte über die Plattform angeboten. 100 Kontakte pro Minute kommen auf der Plattform zustande, das sind 51 Millionen jährlich.

„Die Nutzung unserer Plattform ist für Einkäufer kostenlos", beschreibt Peter F. Schmid, Geschäftsführer und Mitgesellschafter der Wer liefert was? GmbH, das Konzept der Plattform. „Auch für Anbieter ist grundsätzlich eine kostenlose Nutzung möglich. Mit verschiedenen Angeboten können sie sich allerdings eine umfassendere Darstellung ihrer Unternehmen und Produkte sichern. Wir handeln nicht selbst und haben keine eigenen Produkte. Wir sind keine Transaktionsplattform und nehmen keine Provisionen. Deshalb gibt es für uns auch keinen Grund, bestimmte Anbieter zu bevorzugen. Unser Ziel ist es, die passenden Anbieter und Nachfrager zusammenzubringen. Das heißt, der direkte Kontakt zwischen Einkäufer und Anbieter bleibt erhalten. Wir vermitteln ihn nur."

Der Nutzen für die Einkäufer liegt laut Schmid in einem schnellen Marktüberblick. Das spare ihnen jede Menge Zeit und Kosten. Außerdem bekämen die Einkäufer Zugang zu ausländischen Lieferanten, da die Plattform mit Partnern im Ausland kooperiere und in Österreich und der Schweiz bereits eigene Plattformen betreibe. Auch der Nutzen für die Anbieter sei hoch, ist Schmid überzeugt: „Die Suche nach den geeigneten Produkten beziehungsweise Lieferanten beginnt heute im Netz.

Anbieter müssen dort gefunden werden. Außerdem hilft ihnen die Plattform dabei, den Wertschöpfungsprozess zu digitalisieren. Anbieter finden im Netz neue Kunden. Sie können sich kostengünstig auf ausländischen Plattformen präsentieren und über Google Werbung schalten. Wir übernehmen das im Rahmen unserer verschiedenen Leistungen.

Die Anbieter können auf diese Weise ihre Reichweite enorm erhöhen. Letztlich haben sie durch das Netz Zugang zu Milliarden von Kunden."

Gerade beim Online-Vertrieb führt inzwischen kein Weg an Vertriebsplattformen vorbei. Besonders kleinere Händler, die im Internet gefunden werden möchten, sind auf die Verkaufsplattformen angewiesen. Manche Händler verzichten inzwischen auf den eigenen Auftritt. Bei Amazon und eBay werden sie zum „Shop im Shop". Die Betreiber geben den Takt, die Regeln, die Provisionen und gelegentlich sogar die Preise vor. Je größer die Marktmacht der Plattform ist, desto schwieriger wird es, auf eine andere Plattform umzusatteln. Der Kunde wird wahrscheinlich nicht mitwechseln. Der Verzicht auf einen eigenen Onlineshop will also gut überlegt sein. Nur im eigenen Shop ist der Händler sein eigener Herr. Trotzdem spricht nichts dagegen, Plattformen zu nutzen, im Gegenteil: Sie verschaffen Reichweite, vereinfachen möglicherweise die Lagerhaltung und die Logistik und unterstützen bei der Digitalisierung.

Amazon – profitieren von digitaler Exzellenz

Im Jahr 2015 haben deutsche Marketplace-Händler auf Amazon Waren im Wert von mehr als 1,5 Milliarden Euro exportiert. Am jährlich stattfindenden Prime Day haben die teilnehmenden Händler 2016 weltweit mehr als 14 Millionen Produkte verkauft. Der Prime Day 2017 war der erfolgreichste Tag in der Geschichte von Amazon.de. Manche Unternehmen verkaufen mittlerweile mehr über Amazon als über die eigene Website. Das lässt sich Amazon natürlich bezahlen. Für eine monatliche Grundgebühr und Gebühren pro Verkauf können Verkäufer beliebig viel verkaufen. Darüber hinaus wickelt Amazon über sein Programm „Fulfillment by Amazon, FBA" sogar Lagerung, Versand und Bezahlung ab – und das europaweit. Für viele kleinere Unternehmen ist dies eine gute Möglichkeit, weitere Märkte zu erreichen, ohne in jedem Land einen Vertrieb aufbauen zu müssen.

„Das neue paneuropäische FBA-Programm hilft Händlern, Millionen Kunden in Europa effizienter als jemals zuvor zu erreichen, während Kunden von der schnelleren Lieferung und niedrigeren Versandkosten profitieren", sagt Francois Saugier, Director EU Seller Services. „Kleine und mittlere Unternehmen können Millionen neuer internationaler Kunden erreichen und haben damit die Möglichkeit, ihr Exportgeschäft anzuschieben", betont Dr. Markus Schöberl, Director Seller Services Germany. Mit diesem Programm werden die Waren der Händler überdies „Prime-fähig", samt Amazon-Prime-Kundenvorteilen wie kostenloser Lieferung und dem gewohnten Amazon-Kundenservice. Das Programm reduziert die Komplexität des grenzüberschreitenden Verkaufs erheblich. Unternehmen, die ihre Produkte über das europäische Versandnetzwerk verkaufen, können ihre Produkte in einem Amazon-Logistikzentrum ihres Landes lagern und über den Marketplace auf allen anderen europäischen Amazon-Websites zum Verkauf anbieten.

Die Händlerservices sind vom Kunden her gedacht. Je mehr Händler und Unternehmen ihre Waren auf Amazon anbieten, desto attraktiver wird die Plattform. Für den Kunden ändern sich die gewohnten Abläufe nicht, und er muss seine Daten nicht bei unterschiedlichen Händlern hinterlassen, sondern nur bei einem. Nachteil für die Verkäufer: Der Kundenzugang und die Kundendaten bleiben beim Plattformbetreiber.

Sonnenglas vertreibt eine in Südafrika hergestellte Solarlampe, eigentlich Einmachgläser, in deren Deckel ein Solarmodul mit vier LEDs eingebaut ist. Tagsüber lädt sich das Modul auf, nachts spendet das Glas Licht. Für Geschäftsführer Stefan Neubig hat der Handel über Amazon mehrere Vorteile. „Als junges Unternehmen hatten wir noch keine Vertriebsstrukturen. Über die Plattform konnten wir schnell durchstarten. Wir brauchten kein Lager und keine Logistik. Das haben wir alles Amazon überlassen. Außerdem ist die Abwicklung des Kaufs für die Plattformkunden ein vertrauter Prozess, deshalb sind Kunden geneigter, hier etwas zu kaufen, als auf einer fremden Website", sagt Neubig. „Über diesen großen Marktplatz konnten wir uns schnell neue Käuferschichten erschließen."

Der Kunde liebt es einfach

So ist es nun mal, der Kunde ist bequem, und er will alles sofort. Dieser Anspruch lässt sich am besten dort verwirklichen, wo man ihn „kennt". Heute bedeutet das: wo man möglichst viele Daten über ihn, sein Verhalten und seine Wünsche hat. In der analogen Welt ist es zum Beispiel die Verkäuferin in der Bäckerei, die schon nach dem richtigen Brötchen greift, wenn der Kunde den Laden betritt.

Amazon ist Meister darin, es seinen Kunden einfach zu machen. Wir können dort einfach alles kaufen, von der Couch aus, spät in der Nacht und sonntagmorgens, mit dem Smartphone, am PC oder mit dem Tablet. Wer ein Konto bei Amazon hat, kann auch bei vielen anderen Anbietern über Amazon bezahlen, dazu braucht er nicht einmal auf die Amazon-Website zu gehen. Er braucht keine Kreditkartendaten einzugeben, sondern kann über sein Amazon-Passwort bezahlen. Allein diese Möglichkeit ist für viele Kunden ein Grund, sich für einen Anbieter zu entscheiden, der diese bequeme Zahlweise unterstützt.

Hinzu kommt ein weiterer Aspekt, den der Onlinehändler geschickt für sich zu nutzen weiß: Vertrautheit. Amazon-Käufer kennen die Seite, wissen, wie sie funktioniert. Klick – klick – klick, und schon ist bestellt. Wir alle ziehen Vertrautes dem Unbekannten vor. Deshalb sind wir am Ende nicht nur Prime-Kunde, sondern haben auch noch ein Kindle, Fire TV, Alexa und die Amazon-Kreditkarte.

Ein anderes Beispiel für Bequemlichkeit sind die Wünsche von Carsharing-Kunden. Ein Großteil von ihnen bevorzugt Modelle, bei denen man das Auto nach der Nutzung nicht an vorgegebenen Plätzen abstellen muss, sondern dort, wo man sich gerade befindet.

B2B folgt B2C

Die Annehmlichkeiten, die wir im Privaten erwarten und gewohnt sind, möchten wir natürlich auch haben, wenn es ums Geschäft geht: Bequemlichkeit, Zeitersparnis, breites Angebot, Verfügbarkeit, schnelle Lieferung, Zuverlässigkeit. Gerade im B2B-Bereich besteht der

Wunsch nach Reduzierung von Komplexität. Die Digitalisierung kann hier am besten helfen, doch viele Unternehmen haben das noch nicht verstanden.

Im Dezember 2016 ist „Amazon Business" gestartet. Für das produzierende Gewerbe und das Handwerk bietet Amazon mehr als fünf Millionen Artikel, darunter Werkzeuge, Sicherheitsbrillen, Gehörschutz, Klebstoffe, Schleif- und Befestigungsmittel. Für Restaurants gibt es Profimesser, Töpfe, Pfannen und Mixer, Labore können Mikroskope, Reagenzgläser, Digitalwaagen und Messinstrumente kaufen. Sämtliche Produktseiten bieten Bilder in höchster Qualität samt Angaben zu den Abmessungen, Gebrauchsanweisungen und Anleitungsvideos der Hersteller.

Den Business-Kunden steht der Kauf auf Rechnung mit einem Zahlungs-ziel von 30 Tagen zur Verfügung, die Umsatzsteuer wird gesondert ausgewiesen. In der Suche werden Nettopreise angezeigt. Die Accounts sind teilbar, sodass die Unternehmen ihren unterschiedlichen Berufs-gruppen oder Kostenstellen Zahlungslimits oder Genehmigungsrechte zuteilen können.

Die Unternehmen können für ihre Bestellungen sogar eigene Auftrags-nummern vergeben. Über ein ausführliches Reporting können Ein-kaufsleiter gebündelt sehen, was die einzelnen Abteilungen in einem bestimmten Zeitraum angeschafft und ausgegeben haben. Beschaf-fungslösungen wie Ariba oder Onventis können integriert werden.

Der Eintritt in den B2B-Markt ist klug gewählt, denn es gibt in Deutsch-land so gut wie keine Großhändler mit einer vernünftigen Online-präsenz. Als ernst zu nehmender Konkurrent von Amazon Business wird WUCATO betrachtet, eine Online-Beschaffungsplattform für den B2B-Bereich der Würth-Gruppe. Die Plattform ging im Dezember 2016 mit einem Sortiment von über 500.000 Produkten an den Start. Über WUCATO können Kunden ihren Gesamtbedarf über einen zentralen Marktplatz decken und auf diese Weise ihre Einkaufsprozesse optimieren.

Sämtliche Bestell- und Abrechnungsprozesse werden so auf einer Plattform gebündelt und Transaktionskosten signifikant reduziert.

Lieferanten bietet die Plattform die Erschließung eines zusätzlichen Absatzkanals mit einer breiten Kundenbasis und damit eine Chance für weiteres Wachstum. Gemeinsam mit dem bestehenden Außendienst der Würth-Gruppe werden größere Kunden aus dem Handwerks- und Industriebereich besucht und betreut und somit optimal in die bestehenden Vertriebsstrukturen der Gruppe integriert.

Für die Würth-Gruppe war die Einrichtung der Plattform kein Hobby, sondern eine Folge sich ändernder Marktstrukturen. Der amerikanische Konkurrent Grainger zum Beispiel bietet seine Produkte in Deutschland ausschließlich online über die Plattform Zoro an.

Die Ankündigung von Amazon Business hat den Handlungsdruck auf deutsche Anbieter mit Sicherheit erhöht. Das zeigt auch die Übernahme des 2014 gegründeten Startups Contorion, ein digitaler Fachhändler für Handwerks- und Industriebedarf, durch die Münchner Hoffmann Group im Juni 2017. Die Gruppe möchte mit dem Neuerwerb die Digitalisierung vorantreiben. Das Contorion-Team soll weitere digitale Angebote entwickeln und die Plattform internationalisieren. Hoffmann-CEO Robert Blackburn nannte Contorion „eine perfekte Ergänzung".

Branchenübergreifende Plattformen sind selten. Nennenswert sind hier nur das digitale Branchenbuch „Wer liefert was" und Mercateo. Mercateo bietet bisher eine Plattform an, auf der Einkäufer und Händler beziehungsweise Lieferanten zusammenkommen. Außerdem ermöglicht das Unternehmen den Lieferanten über die Plattform, ihre Prozesse auf einen Schlag zu digitalisieren. Von der Bestellung über die Rechnung bis zur Retoure erfolgt dann alles über das Netzwerk.

Die Plattform verdient an den Händlermargen und an den Provisionen, die anfallen, wenn ein Unternehmen seine Transaktionen über die

Plattform abwickelt und dazu seine Lieferanten mitbringt. Seit einigen Jahren arbeitet Mercateo an einer B2B-Vernetzungsplattform mit Transaktionsfunktion. Bei der Ausgestaltung setzt das Unternehmen auf die Anbieterbeziehung. Sie sei im B2B-Handel enorm wichtig, und häufig sei der Einkauf über einen Marktplatz nicht sinnvoll, weil die direkte Geschäftsbeziehung zum Verkäufer, die Beratung oder die persönliche Absprache fehle.

Für kleine und mittlere Unternehmen stellen Plattformen also eine gute Möglichkeit dar, zusätzliche Kunden zu gewinnen. Wie sieht es in Ihrer Branche aus? Gibt es Plattformen, die sich für Ihr Unternehmen eignen, oder besteht sogar die Möglichkeit, eine Plattform aufzubauen oder zu übernehmen, möglicherweise zusammen mit einem Partner? Weisen Sie die Möglichkeit nicht gleich als unmöglich von sich, sondern überprüfen Sie Ihre Optionen!

2.7 Technologie überholt Gesetze

Überfordert vom Ausmaß und Tempo der Veränderungen sind nicht nur die Unternehmen, sondern auch die Politik. Die Politik muss sich um die Rahmenbedingungen kümmern, in denen die neue Wirtschaft gedeihen kann, und da hinkt sie hinterher oder handelt sogar kontraproduktiv.

Schlechte Rahmenbedingungen

Damit Industrie 4.0, das Internet der Dinge und digitale Geschäftsmodelle stabil funktionieren können, bedarf es zunächst einer ordentlichen Infrastruktur, und da ist Deutschland nicht Klassenbester, sondern eher bei der Versetzung gefährdet. Auch wenn die Bundesregierung daran festhält, dass bis 2018 überall in Deutschland schnelles Internet verfügbar sein soll, sind Zweifel angebracht.

Besonders Unternehmen, die nicht in den Ballungsgebieten sitzen, und das sind im Mittelstand viele, sehen sich von der digitalen Welt abgehängt. Das Fraunhofer-Institut für System- und Innovationsforschung (ISI) hat im Auftrag der Bertelsmann Stiftung eine Studie zu diesem

Thema erstellt. Ihr zufolge können in Deutschland nur 6,6 Prozent aller Haushalte einen Glasfaseranschluss nutzen, auf dem Land sogar nur 1,4 Prozent.

In Vorzeigeländern wie Estland und Schweden sind es dagegen 73 beziehungsweise 56 Prozent. Spanien und die Schweiz liegen mit 53 und 27 Prozent ebenfalls weit vor dem Hightechland Bundesrepublik. Bei der Versorgung mit Glasfaseranschlüssen belegt Deutschland im OECD-Vergleich Platz 28 von 32. Das ist eine glatte Fünf.

Doch nicht nur die Infrastruktur behindert digitale Geschäftsmodelle. Viele Gesetze stammen aus einer Welt, die nicht einmal mehr die Arbeitnehmer wollen. Als Beispiele seien die Gesetze zu Arbeitszeiten genannt. Sie mögen für die Mitarbeiter in der Produktion ihre Berechtigung haben, doch die sogenannten Wissensarbeiter scheren sich den Teufel darum, während die Arbeitgeber verpflichtet sind, sie einzuhalten. Fast wie eine Persiflage muten die Vorschriften für „Heimarbeitsplätze" an. Das Gesetz zur Scheinselbstständigkeit ist für viele Freischaffende eine Lachplatte. Sie wollen überhaupt nicht fest angestellt werden und sind gerne bereit, selbst für ihre Kranken- und Sozialversicherung aufzukommen.

Anarchistische Verhältnisse

Außerdem ist die digitale Welt noch ziemlich jung und etwas anarchistisch. Die Gesetzgebung kann mit der Entwicklung nicht Schritt halten. Unternehmen bewegen sich meistens in einer Grauzone. Beim Thema Datenschutz gibt es im Hinblick auf personenbezogene Daten bereits enge rechtliche Grenzen. Die Bußgelder für Unternehmen bei Verstößen wurden im Rahmen der EU-Datenschutz-Grundverordnung massiv erhöht. Sie betragen ab Mai 2018 vier Prozent des weltweiten Jahres-umsatzes der Firma aus dem Vorjahr und erreichen damit schnell zwei- oder gar dreistellige Millionenbeträge.

Letztlich geht es um die steigende Bedeutung von Daten und darum, wer die Kontrolle darüber hat, denn das kann künftig der entscheidende Wettbewerbsvorteil sein. An dieser Schnittstelle werden nach Meinung von Juristen die Interessen von Unternehmern, Abnehmern, Vermittlern, Anbietern und Kunden aufeinanderprallen. Es stelle sich deshalb immer wieder die Frage: „Gehe ich jetzt mutig nach vorn, oder warte ich, bis alles geklärt ist?" Das neue Recht müsse sich zunächst aus den bestehenden Gesetzen heraus entwickeln, so die Juristen. Das mussten bereits einige Anbieter digitaler Dienstleistungen auf die harte Tour lernen, zum Beispiel der Fahrvermittlungsdienst Uber. Das Unternehmen wird nicht nur in Deutschland mit Prozessen und Verboten eingedeckt.

Der gesetzliche Rahmen hinkt der Technologie hinterher, und der Datenschutz ist dabei längst nicht die einzige Lücke. Wenn bildlich gesprochen demnächst jedes Sandkorn eine eigene IP-Adresse besitzt, ergibt sich daraus eine ganze Fülle an rechtlichen Themen, zum Beispiel in den Bereichen IT-Sicherheit, Produktsicherheit, Datenschutz, Vertragsrecht, Steuer- oder Kartellrecht.

Stellen Sie sich doch einmal folgende Fragen:

- Wer ist der Vertragspartner, wenn ein App-Anbieter zwischengeschaltet ist?

- Was, wenn Maschinen untereinander kommunizieren und Bestellungen auslösen?

- Wie steht es um die Themen Sicherheit und Beweislast bei automatisch ausgelösten Bestellungen?

- Wem gehören die riesigen Datenmengen, die bei Industrie 4.0 entstehen?

Die Datensicherheit – Cyber Security – ist neben dem Datenschutz das zweite große Thema, das uns alle beschäftigt. Weltweit gibt es über

600 Millionen Schadprogramme, und inzwischen ist jede 40. Internetseite infiziert. Die Hacker gehen immer raffinierte vor. Aufgrund der zunehmenden Vernetzung aller Unternehmensbereiche werden früher autark arbeitende Bereiche wie das IT-gesteuerte Facilitymanagement zu neuen Einfallstoren für Hacker.

Daher muss Sicherheit in den Unternehmen von Anfang an immer mitgedacht werden. Auch die Mitarbeiter müssen ein anderes Bewusstsein für das Thema IT-Sicherheit entwickeln, denn nach wie vor ist der Mensch die größte Schwachstelle. Inwieweit Gesetze zur IT-Sicherheit tatsächlich gegen Hackerangriffe helfen, sei dahingestellt. Sicher ist, dass sich für viele Bereiche ganz neue Aspekte ergeben.

Die Cyber Security hat zum Beispiel Auswirkungen auf die Produktsicherheit, die im Moment kaum noch jemand überblicken kann. Immer mehr Produkte sind Teil komplexer Systeme, in denen Mechanik, Elektrik, Elektronik, Pneumatik, Hydraulik und Software zusammenspielen. Der Hersteller muss wissen, wie sich die einzelnen Komponenten des Systems beeinflussen können. Wenn zum Beispiel die Software einer Maschine die Mechanik falsch steuert, kann das erhebliche Auswirkungen auf die Sicherheit haben.

Was, wenn durch einen Softwarefehler bei einem selbstfahrenden Auto das Gaspedal blockiert und es zu einem Unfall kommt? Wer haftet, wenn jemand ein über Bluetooth gesteuertes Heizungsmodul hackt, dieses überhitzt und die Heizung in die Luft fliegt? Muss der Hersteller für die Sabotagefestigkeit garantieren?

Es ist kaum anzunehmen, dass die Gesetzgebung in den nächsten Jahren mit der technologischen Entwicklung Schritt halten kann. Das heißt, hinsichtlich datenbasierter Geschäftsmodelle werden sich die Unternehmen in vielen Bereichen noch lange oder immer wieder in einer Grauzone bewegen. Die Frage, ob man deswegen auf datenbasierte Geschäftsmodelle verzichten möchte, muss jeder für sich selbst beantworten.

Fest steht, dass junge Menschen, die mit dem Internet und Social Media aufgewachsen sind, die Themen weitaus entspannter angehen als die Älteren. Fest steht auch, dass das Recht im Bereich Digitalisierung und Internet nur durchgesetzt werden kann, wenn entsprechend qualifizierte Fachkräfte in den Strafverfolgungsbehörden tätig sind, die eruieren und beweisen können, welche rechtlichen Grenzen im Zweifelsfall überschritten wurden – und Politiker, die nicht nur regulieren, sondern verstehen, was sie regulieren.

↗ startup-code.de/politik

Kapitel 3

Die Zukunft ist schon da

»Alles, was du dir vorstellen kannst, ist real.«
Pablo Picasso

Manchmal horcht man auf, wenn von künstlicher Intelligenz (KI) die Rede ist oder wenn man in der Tageszeitung einen Artikel über Versuche mit Pflegerobotern liest. Man lächelt darüber, dass der amerikanische Präsident Donald Trump hauptsächlich über Twitter kommuniziert. Industrie 4.0 ist keine Zukunft mehr, sondern Gegenwart, und so mancher hält Silicon Valley für das Gelobte Land. Startups sind keine Exoten mehr, sondern für immer mehr Unternehmen gefragte Gesprächs- und Kooperationspartner. Uber, Netflix, Tesla, mytaxi, Alibaba – Amazon und Google sowieso – sind mittlerweile Firmen, die fast jeder kennt.

Millionen von Menschen haben Pokémon Go gespielt. Mit Fitnessarmbändern überwachen wir unsere täglichen sportlichen Aktivitäten, und im Europa-Park setzen wir ganz selbstverständlich die Virtual-Reality-Brille auf und gönnen uns eine Fahrt durch fantastische Welten. Die digitale Wirklichkeit ist längst Teil unseres Lebens geworden, auch wenn wir sie vielleicht nicht immer gut finden. Aber die meisten haben noch nicht verstanden, wie tief die Veränderungen tatsächlich gehen und wie schnell.

Shoppen auf dem Heimweg

Schon 2011 eröffnete die britische Supermarktkette Tesco in der südkoreanischen Hauptstadt Seoul virtuelle Supermärkte in U-Bahn-Haltestellen. Auf den Shop-Wänden waren mit QR-Codes versehene Fotos der Lebensmittel zu sehen. Die Käufer konnten, während sie auf die Bahn warteten, mit ihrem Smartphone über das Scannen der QR-Codes einkaufen. Das Paket mit den so bestellten Lebensmitteln wurde noch am selben Abend zuhause angeliefert. Innerhalb weniger Monate konnte Tesco auf diese Weise seinen Umsatz um 130 Prozent steigern.

Während in anderen Ländern revolutionäre Einkaufskonzepte ausprobiert werden, finden wir es in Deutschland schon fortschrittlich, wenn der Laden um die Ecke endlich unsere Kreditkarte zum Bezahlen akzeptiert, und immer noch gibt es unzählige Läden, die das nicht tun. In China wird währenddessen schon über QR-Codes mit dem Handy bezahlt, und zwar nicht von einigen wenigen weit fortgeschrittenen Digital Natives, sondern von Millionen Menschen.

Während wir uns Jahr um Jahr mit Datenschutz befassen, überholen uns die anderen, ohne uns auch nur einen Blick zuzuwerfen. Die Einkaufsgewohnheiten werden sich nicht grundlegend von heute auf morgen in allen Bereichen und überall ändern, nicht jeder wird schon nächstes Jahr im Smart Home leben, und es wird immer jemanden geben, der sich den Veränderungen verweigert, doch die Basis ist gelegt. Aufzuhalten ist die digitale Welt nicht. Sie wird mit der analogen Welt verschmelzen. Wenn Unternehmen und Gesellschaft diese Tatsache nicht anerkennen, wird die deutsche Wirtschaft früher oder später zu den Verlierern gehören und so mancher Weltmarktführer von heute wird vom Markt verschwinden.

3.1 Stellen wir uns vor...

...Uber übernimmt die mobile Weltherrschaft

Uber wurde 2009 in San Francisco gegründet. Kaum ein anderer Dienstleister stößt auf so viel Kritik, Ablehnung und gesetzliche Hürden wie dieses amerikanische Unternehmen. Trotzdem investieren Goldman Sachs und Google Ventures ebenso wie der chinesische Staatsfonds China Investment Corporation. 2016 hatte Uber einen Börsenwert von 63 Milliarden US-Dollar; VW hatte einen Börsenwert von rund 77 Milliarden US-Dollar, wurde aber bereits 1937 gegründet.

Für Uber arbeiten nur ein paar Hundert Menschen, für VW fast 600.000. Uber ist wie Airbnb nach dem Modell der Share Economy gestartet. Die Angebote beider Dienste gelten als halb legal, weil sie gegen die Spielregeln der etablierten Anbieter, aber auch gegen Gesetze verstoßen.

In Deutschland ist die Gegenwehr des Taxigewerbes besonders heftig. Uber darf laut einem Gerichtsurteil in Deutschland seinen Dienst „UberPop", die Vermittlung von privaten Fahrern mit ihren Autos, nicht mehr anbieten.

Privatautos sind nur zu vier Prozent der Zeit in Verwendung. Uber sagt, über Ridesharing, also die Mitnahme von anderen Fahrgästen, könnten Autos viel besser genutzt werden – ökologisch und ökonomisch sinnvoll. Über eine App kommen Fahrer und Fahrgast zusammen, die Plattform erhält einen Anteil von rund 20 Prozent des Fahrpreises.

Die Gerichte monieren nun, dass es sich bei den Autos um Taxis handle, sobald daran verdient werde. Und Taxifahrer brauchen nun mal per Gesetz Gesundheitsprüfungen, einen Personenbeförderungsschein, und ihre Autos müssen jährlich zum TÜV. Die Lösung für Uber in Deutschland war zunächst, nur 0,35 Euro pro Kilometer zu verlangen. Das freut zwar die Fahrgäste, ist aber kein überlebensfähiges Geschäftsmodell. Deshalb ist in Deutschland das Thema Privatfahrer zunächst einmal vom Tisch. In Berlin vermittelt das Unternehmen ganz normale Taxis. In München wird mit „UberX" experimentiert. Dabei wird dem Kunden ein professioneller Chauffeurservice vermittelt.

In anderen europäischen Ländern und in Indien hat Uber ebenfalls Probleme, auch einzelne US-Städte mögen den Fahrdienstvermittler aus Kalifornien nicht. In vielen Schwellenländern wie Brasilien ist Uber eine Erfolgsstory. Die deutsche Monopolkommission setzt sich zwar für einen angemessenen Ordnungsrahmen ein, warnt aber gleichzeitig davor, auf den Eintritt neuer Wettbewerber wie Uber reflexhaft mit Verboten zu reagieren. Tatsächlich wirken manche Dinge lächerlich. In Deutschland muss ein Taxifahrer zum Beispiel eine Prüfung über seine Ortskenntnis ablegen, für die er vier Monate büffeln muss – Blödsinn in Zeiten, in denen jedes Smartphone über ein Navi verfügt. Diese Absurdität hat selbst die Politik zum Nachdenken gebracht. Eine weitere Absurdität ist die sogenannte Rückkehrpflicht – eigentlich eine ökologische und ökonomische Katastrophe. Sie besagt, dass ein Taxifahrer immer mit einer Leerfahrt zu seinem Betriebssitz zurückkehren muss, wenn er einen Fahrgast abgeliefert hat.

Bei Uber selbst werden die hohen regulatorischen Marktbarrieren eher als Ärgernis denn als Bedrohung betrachtet. Am wichtigsten sei es, die Kundenschnittstelle zu besetzen. Irgendwann, so ist man überzeugt, werden die Widerstände fallen, spätestens wenn sich das autonome Fahren durchsetzt. Dann entfalle schon einmal der Faktor Mensch. In Pittsburgh gibt es bereits ein Pilotprojekt. Wenn die Roboterautos übernehmen, werden Taxifahrer sowieso überflüssig, aber auch Postfahrer, Busfahrer, Pizzaboten – eigentlich alle Fahrer. Letztlich, so die Vision von Uber, werde sich die Mobilität in Städten völlig neu organisieren. Anders ausgedrückt: Große Flottenbesitzer und On-Demand-Transporteure übernehmen das Geschäft.

Nicht zu vergessen sind die Daten, die Uber schon jetzt sammelt und auswertet, sowie die weiterführenden Ideen, die das Unternehmen entwickelt. So wird bereits mit Lieferdiensten für Essen und andere Güter experimentiert, und es geht nicht mehr nur ums Auto, sondern auch um andere Fahrzeuge bis hin zum Fahrrad. Die Verbindung der App mit einem Kalender erlaubt die Organisation einer ganzen Reise von der Haustür bis zum Hotelzimmer. Und wer weiß – wenn es Uber oder wer auch immer klug anstellt und immer mehr Bedürfnisse seiner Kunden identifiziert, zusammenführt und befriedigt, werden dem Unternehmen vielleicht ähnliche Erfolge beschieden sein wie Amazon, nur dass dann Amazon vielleicht keine eigenen Logistikpartner mehr braucht, sondern das Problem über die Share Economy gelöst wird.

Langfristig scheitern kann Uber eigentlich nur an sich selbst. Wenn das System außer Balance gerät, weil die Werte der Mitarbeiter mit Füßen getreten und Partner (in diesem Fall die Fahrer) schlecht behandelt werden, werden sich auch die Kunden abwenden. Die Fahrer werden zur Konkurrenz abwandern. Das ändert aber nichts daran, dass das Modell an sich gerade in Verbindung mit dem autonomen Fahren ungeheures Potenzial birgt. Nur das kann der Grund dafür sein, dass sich die Investoren nicht abwenden, obwohl Uber noch niemals schwarze Zahlen geschrieben hat.

Ein Tag in der Uber-Welt im Jahr 2025

Um 7.30 Uhr fährt das autonom fahrende Uber-Auto vor, um die Kinder in die Schule zu bringen, und setzt Sie selbst an der nächstgelegenen S-Bahn-Haltestelle ab. Ein anderes Uber-Auto bringt Ihre Partnerin eine Stunde später zum Flughafen. Dafür muss sie nicht einmal die App bemühen, denn die hat schon eine halbe Stunde vorher gemeldet, dass in 30 Minuten ein Auto kommen wird, pünktlich zum Flug, der ebenfalls über die App gebucht wurde. Am Zielflughafen steht im Anschluss auch ein Auto bereit. Während Sie im Büro sitzen, wird ein Paket angeliefert, denn Uber weiß ja, dass bei Ihnen niemand zuhause ist. Um 13 Uhr erscheint ein Bote mit Ihrem Lieblingssandwich und einem Kaffee. Wenn Sie aus der S-Bahn aussteigen, wartet schon ein Auto – Im Kofferraum diverse Einkäufe, die Sie und Ihre Partnerin über die App geordert haben. Die Kinder sind bereits zuhause, aber das wissen Sie schon, denn Sie werden per App benachrichtigt, wenn die Kids daheim ankommen.

Klingt irgendwie nach Big Brother, aber irgendwie auch nach einem einfacheren Leben. Und man muss das Ganze in die Tiefe denken. Angenommen, es würde so kommen wie oben skizziert, dann hätte langfristig der Reisemarkt ebenso mit Uber zu kämpfen wie der Fernverkehr oder auch die Autobauer. Plattformen haben die Tendenz zur Monopolisierung. Wenn sich die Uber-Mobilität durchsetzt, entscheidet vielleicht Uber über den Erfolg einer Automarke, weil das Unternehmen so viele braucht wie kein anderer.

2016 berichtete das „Manager Magazin", Uber wolle beim Autobauer Daimler eine ganze Flotte von autonom fahrenden S-Klasse-Modellen kaufen – das wäre eine Bestellung im zweistelligen Milliardenbereich, daran kommt auch Daimler nicht vorbei. Plattformen, die sich der Digitalisierung intensiv bedienen und die gesammelten Daten intelligent auswerten, wissen über die Wünsche ihrer Kunden bestens Bescheid und können sich entsprechend immer weiterentwickeln und so in andere Branchen eindringen. Amazon hat auch einmal mit Büchern angefangen.

...Künstliche Intelligenz wird der Normalfall

Künstliche Intelligenz (KI) oder auch Artificial Intelligence (AI) ist kein Zukunftsthema, sondern ist schon längst in unseren Alltag integriert. Wir vergessen das nur. Die Gesichtserkennung ist keine Zukunftsvision amerikanischer Krimiserien, sondern Realität. Wenn wir davon ausgehen, dass sich KI ähnlich exponentiell entwickelt wie die Digitalisierung, kann das Geschäftsmodellen wie dem von Uber einen zusätzlichen Schub verleihen und ganz neue Geschäftsmodelle ermöglichen, die wiederum ganze Märkte disruptieren können.

»KI hat die Fähigkeit, enorm hohe Datenmengen zu verarbeiten und miteinander zu verknüpfen sowie Anomalien und Muster zu erkennen und daraus Vorhersagen für die Zukunft zu treffen.«

Wissenschaftler bezeichnen mit dem Begriff der „künstlichen Intelligenz" ein Gebiet der Informatik. Das Ziel ist es, bestimmte Aspekte des menschlichen Denkens auf Computer zu übertragen und somit Maschinen zu bauen, die eigenständig Probleme lösen und aus ihren Fehlern lernen können. Früher nahm man an, dass Computerprogramme nur so intelligent seien wie ihre Programmierer.

Das scheint langsam, aber sicher überholt zu sein. Im Grunde genommen handelt es sich bei KI um intelligente Software, um Algorithmen, die sich durch Trainingsdaten ständig verbessern. Beispiele für KI sind etwa die Sprach- und Bilderkennung oder auch Spieleroboter. Google DeepMind hat AlphaGo entwickelt, ein Computerprogramm, das ausschließlich das Brettspiel Go spielt. Im Oktober 2015 besiegte es den mehrfachen Europameister Fan Hui. Es ist damit das erste Programm, das unter Turnierbedingungen einen professionellen Go-Spieler schlagen konnte. Im März 2016 trat AlphaGo gegen den südkoreanischen Profi Lee Sedol an und gewann nach fünf Runden mit 4 : 1.

Die Suchmaschine Google selbst kann als eine riesige KI betrachtet werden, die aus den Abermillionen von Anfragen ständig lernt. Das autonom fahrende Auto ist ebenfalls eine Form von KI, auch wenn es bei Weitem noch nicht ausgereift ist. Aber irgendwann in naher Zukunft wird es so weit sein, dass es auch mit unvorhergesehenen Situationen umgehen kann. Im Kinderzimmer hat KI ebenfalls bereits Einzug gehalten, zum Beispiel in Form des Roboterhunds „Aibo". Cortana von Microsoft und Siri von Apple basieren auf KI.

An den Börsen wird KI eingesetzt, um die Wahrscheinlichkeit von Börsenkursen zu berechnen. Echo, die Sprachsteuerung von Amazon, besser bekannt als Alexa, beantwortet Fragen, spielt Musik, liest Hörbücher vor, kann selbstständig Bestellungen durchführen und vieles mehr. Der Versandhändler OTTO lässt schon seit Jahren die Verkaufsprognosen für seine Artikel mithilfe von KI berechnen. Am MIT forschen die Wissenschaftler sogar an Computerprogrammen, die auf Gefühle von Menschen reagieren können.

Auch wenn wir von Science-Fiction-Robotern wie R2-D2, 3-PO und Sonny noch weit entfernt sind, wird die Weiterentwicklung von KI doch in naher Zukunft Branchen durcheinanderrütteln. Ein Opfer von KI-basierten Geschäftsmodellen könnten die Beratungsdienstleister sein. Lernfähige Algorithmen könnten schon bald Versicherungsvertreter überflüssig machen. Die Algorithmen können viel schneller und sicherer Modell-berechnungen anstellen, Wahrscheinlichkeiten einbeziehen und die passenden Verträge identifizieren als jeder Mensch und sind schneller in der Abwicklung aller damit zusammenhängenden Vorgänge.

In der Studie „Zukunft der Arbeit" wurde untersucht, welche Berufe durch KI bedroht sind. Ihr zufolge liegt die Bedrohung für Versicherungs-makler bei 92 Prozent und für Buchhalter sogar bei 94 Prozent. Aber auch Bäcker und Dachdecker sind gefährdet. Je strukturierter ein Beruf, desto höher die Bedrohung durch KI. In einer Studie der Universität Stanford mit dem Titel „Artificial Intelligence and Life in 2030 – One hundred year study on Artificial Intelligence, Report of the 2015 Study Panel" vom September 2016 werden Verkehr, Haushalt und Dienst-leistungen sowie Medizin als die ersten Bereiche genannt, in denen KI in größerem Ausmaß zum Einsatz kommen könnte.

Allerdings sagen die Forscher auch, dass KI zunächst nur bestimmte Aufgaben übernehmen und nicht gleich ganze Berufe ersetzen werde. Trotzdem müsse man sich Gedanken darüber machen, was mit Menschen geschehe, die sich infolge des Einsatzes von KI nicht mehr von ihrem Beruf ernähren könnten. Betroffen wären keinesfalls nur einfache Berufe, sondern zum Beispiel auch Anwälte oder Radiologen.

Google-Chef Sundar Pichai hat klargemacht, dass in seinen Augen mobile Anwendungen Schnee von gestern sind. Für ihn steht KI schon jetzt im Mittelpunkt der Entwicklung.

»Mobile first to AI first«

Sundar Pichai, Google-Chef, auf der „Made by Google"-Keynote im Oktober 2016

Und nicht nur er ist dieser Meinung. Auch für Microsoft-Chef Satya Nadella steht KI ganz oben. Künftig soll in jedem Produkt des Konzerns KI enthalten sein.

...alle nutzen Blockchain

Sie wissen nicht, was Blockchain ist? Das ist auch etwas kompliziert, aber es hat jede Menge disruptives Potenzial. Stellen Sie sich vor, Sie möchten eine Überweisung machen: Es fallen keine Gebühren an, und die Überweisung ist innerhalb von Sekunden beim Empfänger angekommen – ohne Bank. Oder stellen Sie sich vor, Sie kaufen eine Wohnung, ohne an Notare und Gemeinden Gebühren entrichten zu müssen. Das alles macht die Blockchain möglich. Nicht auszudenken, wie viele Berufe entfallen, wie viel Geld wir sparen könnten.

So funktioniert's

Blockchains sind dezentrale Datenbanken. In der Blockchain sind alle Transaktionen verzeichnet, die innerhalb eines Systems je getätigt wurden. Jeder Teilnehmer an diesem System hat eine Kopie dieser Blockchain auf seinem Computer. Erfunden wurde die Blockchain ursprünglich für die Internetwährung Bitcoin. Die Informationen zu den Transaktionen werden in „Blöcken" zusammengefasst, die auf allen Rechnern an die bisherigen Datenblöcke angehängt werden – Chain (Kette).

Ein zentrales Register wie in einer Bank oder einer Behörde braucht man nicht mehr. Das Netz der Teilnehmer übernimmt die Kontrolle darüber, dass eine Zahlung tatsächlich erfolgt und der Zahlende wirklich das Geld hat, um die Zahlung zu leisten. Das dezentrale System macht Fälschungen zwar nicht unmöglich, aber ausreichend kompliziert. Beispiel: A möchte B zehn Euro überweisen. Die PCs fragen also in der Datenbank an, ob A tatsächlich zehn Euro besitzt. Erst wenn das bestätigt ist, wird das Geld überwiesen.

Blockchain – nicht nur für Bankgeschäfte

Das Geniale an Blockchains ist, dass kein Mittler mehr für Transaktionen gebraucht wird. Im Fall mit der Überweisung entfällt die Bank – wird einfach nicht mehr gebraucht. Momentan arbeiten Programmierer wie der junge Vitalik Buterin mit seinem Netzwerk „Ethereum" an weiterer Blockchain-Anwendungen, denn was bei einer Überweisung funktioniert, könnte auch bei Immobilienverkauf, Aktienkäufen, Autokauf, Versicherungsverträgen und vielem mehr funktionieren.

Im Falle von Verträgen spricht man von „Smart Contracts". Sie werden möglich durch die Anbindung von realen Gegenständen an das Internet, durch das Internet der Dinge. Wenn jemand zum Beispiel ein Auto erwirbt, das bereits ein „Smart Car" ist, also mit dem Internet verbunden, steht einem Vertrag via Blockchain nichts entgegen. Man kann sogar eine Versicherung abschließen, deren Höhe je nach Fahrweise variiert, denn über das Smart Car kann die Versicherung beziehungsweise die Software überwachen, ob der Besitzer tatsächlich seinem Vertrag entsprechend fährt, und ihm im Zweifelsfall die Versicherungsbeiträge erhöhen. Das Ganze kann er dann vermutlich direkt am Display im Auto sehen.

Smart Contracts könnten auch für Autoverleiher interessant sein. Sie würden weniger Personal brauchen und könnten ihren Kunden Wartezeiten ersparen. Bei einem Smart Contract kann automatisch überwacht werden, ob die Vertragsbedingungen eingehalten werden. Sie können automatisiert angepasst werden. Voraussetzung ist lediglich die Anbindung der realen Objekte an die digitale Welt. Mit der Blockchain erhält unsere smarte Umwelt sozusagen einen rechtlichen Rahmen.

Die Banken haben begriffen, was die Stunde geschlagen hat. Zum einen können sie durch Blockchains Millionen einsparen, zum anderen haben die Banken die nicht von der Hand zu weisende Angst, hinweggefegt zu werden, sollte sich Blockchain wirklich etablieren. Santander hat ein Innovationslabor zum Thema Blockchain ins Leben gerufen. Die UBS hat ein Forschungslabor gegründet. Die Verantwortlichen denken darüber nach, eine Handelsplattform für Aktien einzuführen, die auf einer Blockchain basiert. Im Blockchain-Verbund sitzen mittlerweile über 25 der größten Banken, und Blockchain ist ein regelrechter Hype.

Die Commerzbank hat eine Forschungskooperation zu „Financial Supply Chain Management 2025" mit dem Fraunhofer-Institut für Materialfluss und Logistik (IML) gestartet. Im Fokus stehen die Entwicklung neuer digital unterstützer Geschäftsmodelle und die Verknüpfung mit Blockchain-Technologien. „Unsere Kernkompetenzen ‚Geld sicher bewegen', ‚Handel finanzieren' sowie ‚Risiken übernehmen' werden auch im Digitalisierungszeitalter eine hohe Relevanz für unsere Kunden haben.

Die Einbindung des (IML) gewährleistet den bestmöglichen Einblick in die momentan sehr vielfältigen Digitalisierungsansätze entlang der Logistik- und Materialflussprozesse unserer Kunden", sagt Dr. Bernd Laber, Bereichsvorstand Trade Finance & Cash Management Firmenkunden bei der Commerzbank. „Wir arbeiten in zahlreichen Projekten und Konsortien auch mit anderen internationalen Banken an der Digitalisierung von Produkten und Dienstleistungen, ebenso an Anwendungsmöglichkeiten für Blockchain-Technologien.

Für uns als Firmenkundenbank hat der klare Fokus auf die zukünftigen Supply Chains unserer Kunden, den wir gemeinsam mit dem Fraunhofer-(IML) erarbeiten werden, eine sehr große Bedeutung. Prof. Dr. Michael Henke, Leiter des Fraunhofer-(IML) erklärt: „Die Digitalisierungsansätze im Supply Chain Management wie die Entwicklung smarter Container, die in der Lage sind, sich selbst zu routen, Logistikdienstleister zu beauftragen und diese selbstständig zu bezahlen, emöglichen künftig völlig neue Geschäftsmodelle für Banken in den Geschäftsbereichen Finanzierung, Risikomanagement und Transaktion." Henke betont: „Ich bin davon überzeugt, dass Technologien wie Blockchains und Smart Contracts zentrale Enabler für die Verknüpfung physischer und finanzieller Supply Chains sind."

Wertschöpfungskette auf den Kopf gestellt

Natürlich gibt es auch Kritiker, und niemand kann im Moment sagen, ob sich das Verfahren durchsetzen wird oder nicht und wenn ja, in welchem Ausmaß. Auch wenn vielleicht nicht alle Verträge in Zukunft über Blockchain abgeschlossen werden und es vielleicht auch in 20 Jahren noch Banken gibt, sollten Unternehmen die Technologie im Hinblick auf den Einsatz im Unternehmen nicht aus den Augen verlieren.

3.2 Wertschöpfungskette auf den Kopf gestellt

Die Digitalisierung stellt die Wertschöpfungskette auf den Kopf. Doch was ist damit gemeint? Ganz einfach: Die Wertschöpfungskette beginnt künftig nicht mehr beim Einkauf, sondern beim Kunden. Am Anfang der Wertschöpfungskette steht der Kunde mit einem (unerfüllten) Bedürfnis, am Ende (idealerweise) der zufriedene Kunde. Dieser Umbruch wird möglich durch die Digitalisierung und die damit einhergehende Vernetzung. Die massenhafte kostengünstige Herstellung bei gleichbleibender Qualität wird nicht mehr das Maß der Dinge sein, sondern eine schnelle und agile Umsetzung der Wertschöpfungsprozesse. Die digitalisierte Wertschöpfungskette beschleunigt durch ihre Fähigkeit, schnell große Datenmengen zu sammeln und zu analysieren, nicht nur den Produktionsprozess, sondern alle Wertschöpfungsprozesse, aber vor allem wird sie die Einbindung des Kunden in ein Wertschöpfungsnetz ermöglichen.

Die Nutzung digitaler Kommunikationskanäle und Plattformen ermöglicht sowohl die Einbindung des Kunden in die Entwicklungs- und Innovationsphase als auch seine Bindung. Durch die datenbasierte Analyse entsteht ein vollständiges und mit jeder Transaktion dichter werdendes Bild des Kunden, das ein passgenaues Angebot von Leistungen und Produkten möglich macht.

Die Wertschöpfung der Zukunft findet in Netzwerken statt

Dafür muss sich das Unternehmen nach außen öffnen. Die Wertschöpfungskette ist nicht mehr eine interne Angelegenheit, sondern findet mit den verschiedenen Partnern in Netzwerken statt. In diese Netzwerke werden Kunden, Lieferanten, Freelancer und alle anderen Partner des Unternehmens eingebunden sein. Nur so können Agilität und schnelle Reaktionen auf die Kundenbedürfnisse erreicht werden. Innerhalb der Wertschöpfungskette muss und wird sich auch die Rolle der IT ändern. War sie bisher nur Unterstützer kaufmännischer und Produktionsprozesse, wird sie künftig eine aktive Rolle in der Wertschöpfungskette spielen.

Die deutsche Industrie hat schon bisher Netzwerke gebildet. Allerdings handelt es sich dabei zumeist um vertikale Wertschöpfungsnetzwerke entlang der Lieferantenketten. Die Netzwerke der Zukunft müssen jedoch branchenübergreifende, horizontale Kooperationsnetzwerke sein.

»Wertschöpfung wird in Zukunft immer weniger mit Hardware erzielt werden.«

Software wird künftig die Vorreiterrolle in der Wertschöpfung übernehmen. Datenbasierte Lösungen und Dienstleistungsangebote werden dem Produkt den Rang ablaufen – getrieben durch den Kunden. Nicht umsonst bemühen sich aktuell viele Unternehmen um die Einrichtung und Bepreisung von Services.

Vernetzte Wertschöpfung ermöglicht eine schnellere und agilere Reaktion auf Kundenbedürfnisse und schont Ressourcen, weil die meisten Prozesse zwischen den Netzwerkpartnern automatisiert – und damit auch kostengünstiger – ablaufen. Auf diese Weise werden Kundenwünsche schnell und individuell erfüllt. Durch die Einbindung des Kunden in das Netzwerk ist er Initiator von Innovation und Entwicklung.

Nehmen wir die Autoindustrie als Beispiel. In der klassischen Wertschöpfungskette liefern die Lieferanten Teile, Komponenten und Module an den OEM (Erstausrüster), der die Komponenten zusammenführt und die Kundenschnittstelle überwacht. Der Kunde nutzt das fertige Produkt. Er beeinflusst den Bedarf, und der OEM fragt die Komponenten zeitversetzt beim Lieferanten an. In einem Wertschöpfungsnetzwerk findet die Wertschöpfung zwischen vielen vernetzten Partnern statt, die in Echtzeit kommunizieren.

Das heißt, verschiedene Lieferanten können Nachfrageschwankungen ausgleichen, Lieferanten der Fertigungstechnologie sind ebenso einbezogen wie der Kunde, Mobilitätsdienstleister und der OEM, der Fahrzeuge liefert und die Produktion steuert. Über eine Plattform wird nicht nur die Kundenschnittstelle kontrolliert, sondern auch der Datenfluss gesteuert. Vorteil für den Kunden: Er erhält seine Fahrzeuge ohne Verzögerungen, weil die Kommunikation in Echtzeit stattfindet, und er kann eventuell auf die Angebote zusätzlicher Partner zugreifen. Individualisierte Angebote werden so erst möglich. Verloren hat der OEM insofern, als er nicht mehr Besitzer der Kundenschnittstelle ist; es sei denn, er hat früh genug begriffen, dass er selbst die Plattform aufbauen muss.

An diesem Beispiel sehen Sie auch, dass durch das Internet neue Spieler Zugang zum Kunden erlangen. Das führt zu einer Veränderung von Geschäftsmodellen und zu einer Neugliederung ganzer Branchen. Disruptoren können klassische Wertschöpfungsketten in kleinste Bestandteile zerlegen und sie neu wieder zusammensetzen. Markteintrittsbarrieren werden dadurch kleiner oder verschwinden.

In einer Studie von Roland Berger wird beschrieben, wie das funktionieren kann: „Neue branchenfremde Akteure können sich mit innovativen Geschäftsmodellen wesentliche Teile der Wertschöpfung aneignen. So erscheint es denkbar, dass in der Wertschöpfungskette der Automobilindustrie bald Intermediäre bei der Versicherung, der Autovermietung, der Koordination von Tankstopps oder der Erstellung von hoch detaillierten Reiseinformationen auftreten und die Kundenschnittstelle neu besetzen." Und je mehr Mitspieler sich an einem solchen Wertschöpfungsnetzwerk beteiligen, desto größer und schneller der Erfolg. Nach dem Metcalfe'schen Gesetz steigt der Nutzen eines Netzwerks nämlich proportional zum Quadrat seiner Teilnehmerzahl.

Das Machtgefüge verschiebt sich

Die Wertschöpfung in Netzwerken hat Auswirkungen auf die gesamte Organisation und auf das Machtgefüge innerhalb der Unternehmen. Heute noch klar getrennte Bereiche werden sich zunehmend zugunsten der fächerübergreifenden Projektarbeit auflösen. In wechselnd zusammengesetzte Teams müssen Externe eingebunden werden. Agilität und Schnelligkeit können nur erreicht werden, wenn Entscheidungsbefugnisse an die Teams abgegeben werden. Führungskräfte werden zunehmend zu Koordinatoren, Moderatoren und Unterstützern von Teams.

Neue Identität der Personalabteilung

Die klassische Personalabteilung ist eigentlich ein Personalverwalter. Sie kümmert sich um die Mitarbeitersuche, um Löhne und Sozialabgaben sowie um Probleme mit Mitarbeitern. In Zukunft muss die Personalabteilung zum Talentsucher und -förderer, zum Berater des Managements werden, in einem umfassenden Sinne. Das heißt, die Mitarbeiter des Personals kümmern sich um einen entsprechend attraktiven Auftritt des Unternehmens nach außen, schaffen ein Netzwerk in den sozialen Medien, halten Kontakt zu Freelancern und potenziellen Mitarbeitern, wissen, welche Menschen mit welchen Fähigkeiten für die verschiedenen Teams und Projekte gebraucht werden, empfehlen dem Management geeignete Kandidaten und kümmern sich um die Förderung der Mitarbeiter entsprechend dem Bedarf.

Dafür müssen die Mitarbeiter des Recruiting ein tiefes Verständnis der Abläufe und Veränderungen im Unternehmen, aber auch der Fähigkeiten und Potenziale von Mitarbeitern und Externen haben, und sie müssen sich in den sozialen Netzwerken zurechtfinden. Personalmitarbeiter nehmen künftig eine aktive und äußerst wichtige Rolle in der Unternehmensentwicklung ein, denn Unternehmenserfolg ohne die richtigen Mitarbeiter ist nicht möglich, und die findet man heute nicht mehr über eine Zeitungsanzeige.

Ähnlich wie die Wertschöpfungsketten werden sich auch die Hierarchien umkehren. Der Einzelne oder die wenigen an der Unternehmensspitze werden mit der zunehmenden Komplexität nicht mehr alleine zurechtkommen. Weniger Hierarchie, mehr Dezentralisierung, prozessorientiertes statt funktionsorientiertes Denken führen zu weniger Fehlern und Verzögerungen, zu besseren Lösungen für den Kunden sowie mehr Kreativität und unternehmerischem Denken bei den Mitarbeitern.

Die Öffnung zum Kunden hin

Damit übernehmen diejenigen die Verantwortung, die tatsächlich entwickeln, produzieren und in direktem Kontakt mit dem Kunden stehen – eine absolute Notwendigkeit, denn der Kunde spielt die entscheidende Rolle. Der Kunde wird künftig nur noch dort kaufen und bezahlen, wo ihm Lösungen angeboten werden, die seinen Bedürfnissen haargenau entsprechen. Diese Bedürfnisse zu erkennen und zu befriedigen kann nur in engem Kontakt mit dem Kunden geschehen.

Es geht nicht mehr darum, technisch tolle Produkte zu entwickeln und zu verkaufen, sondern es geht um die Bedürfnisbefriedigung einer gut informierten, anspruchsvollen Klientel, die sich einer riesigen Auswahl von ähnlichen Produkten gegenübersieht und nicht mehr bereit ist, sich mit dem Zweitbesten zufriedenzugeben. Das erfordert seitens der Unternehmen, zuzuhören, transparent zu kommunizieren, zu informieren und dem Kunden nahe zu sein, zu verstehen, was er tut und was er braucht, um das, was er tut, gut und problemlos zu tun. Nur so lassen sich individuelle und nützliche Lösungen schaffen. Letztlich geht es darum, dem Kunden das Leben zu erleichtern beziehungsweise ihm zu ermöglichen, seine Geschäfte besser zu erledigen. Im B2B-Bereich geht es niemals nur um den direkten Kunden, sondern auch um den Kunden des Kunden.

Denjenigen genau zu kennen, der letztlich Anwender und Nutzer ist, wird auch unter einem anderen Aspekt immer wichtiger: In vielen Branchen fallen die Intermediäre weg, denn Hersteller werden aufgrund der Möglichkeiten der Digitalisierung immer häufiger zu Händlern. Großhändler und Händler werden zunehmend Opfer von E-Shops und Plattformen. Das bedeutet jedoch für die Hersteller-Händler, dass sich ihnen nicht nur neue Möglichkeiten eröffnen, sondern dass sie ganz neue Fähigkeiten brauchen.

3.3 Von der Verwaltung der Knappheit zum Management von Überfluss

Erinnern Sie sich, was ich zu Anfang dieses Buchs über exponentielles Wachstum geschrieben habe? Um exponentielles Wachstum zu verstehen und zu begreifen, weshalb es immer dort auftritt, wo IT beteiligt ist, sollten Sie Moore's Law kennen.

Moore's Law dient generell als Indikator für exponentielles Wachstum von Technologie. Das von Gordon Moore, Mitbegründer von Intel, 1965 aufgestellte Gesetz besagt, dass sich die Anzahl integrierter Schaltkreiskomponenten alle zwei Jahre verdoppelt. Tatsächlich hatte Moore bisher im Wesentlichen recht, auch wenn er selbst im Herbst 2007 das Ende der von ihm beschriebenen Gesetzmäßigkeit voraussagte. Auch andere zweifeln mittlerweile an der weiteren Gültigkeit des Gesetzes, machen allerdings deutlich, dass es neue Ansätze gebe, damit sich der Wert für die Nutzer weiterhin alle zwei Jahre verdoppelt.

Peter Diamandis und Steven Kotler, Autoren des <u>Buchs „Abundance"</u> <u>(Überfluss)</u> ⬀, sind überzeugt:

„Technologie beschert uns eine Welt des Überflusses, Zugriff wird über Besitz triumphieren. Dagegen führen ein beschränktes Angebot und knappe Ressourcen zu hohen Kosten und zur Bevorzugung von Besitz gegenüber Zugriff."

⬀ *startup-code.de/abundance*

Auswirkungen der Digitalisierung:

- Die digitalen Technologien reduzieren die Kosten enorm, vor allem für internetbasierte Geschäftsmodelle. Globalisierung kostet kaum etwas.

- Die Grenzkosten für digitale Produkte tendieren gegen null im Vergleich zu analogen Produkten. Nur deshalb konnte zum Beispiel Google in kürzester Zeit zu einem der größten Unternehmen weltweit werden.

- Airbnb kostet es kaum etwas, einen neuen Vermieter aufzunehmen. Hotels und Hotelketten müssen Immobilien vorhalten, verwalten und instand halten.

- Crowdsourcing beziehungsweise offene Entwicklerplattformen senken ebenfalls die Kosten.

- Das Internet ermöglicht es, Menschen und ihre Ideen aus der ganzen Welt einzubeziehen – ein unerschöpfliches und günstiges Reservoir an klugen Köpfen.

Sie glauben, das betrifft Ihre Branche nicht? Falsch, denn IT-getriebene Technologie und Digitalisierung machen vor keiner Branche halt. Es geht lediglich noch um die Frage, wann Ihre Branche dran ist. Musikindustrie, Medien und Handel sind den neuen Technologien schon zum Opfer gefallen. Tesla hat damit begonnen, die Automobilindustrie aufzumischen. Die digitale Disruption wird jede Branche treffen. Die Nächsten werden Banken und Versicherungen sein, gefolgt von Telekommunikation, Bildung und Tourismus. Auch Maschinenbau und Autoindustrie werden nicht verschont bleiben.

Innerhalb von nur drei Jahren hat Tesla mit seinem Elektrosportwagen eine Revolution gestartet – ein tolles Auto, umweltfreundlich, sicher und eigentlich ein „rollender Computer", nicht von Maschinenbauern entwickelt, sondern hauptsächlich von Elektroingenieuren. Und auch hier: Kosten gespart, denn wenn VW eine teure Rückrufaktion macht, fährt Tesla in der Regel über Nacht ein Update. Außerdem verfügen Tesla-Kunden durch die Updates immer über die modernste Variante. In produzierenden Unternehmen werden digitale Technologien dafür sorgen, dass immer weniger Kosten anfallen, während gleichzeitig immer mehr Produkte hergestellt werden können.

Salim Ismail ist davon überzeugt, dass sich die Reduzierung der Kosten durch informationsbasierte Technologie nicht auf Marketing und Vertrieb beschränkt, sondern alle Geschäftsprozesse erfassen wird.

Die Welt wird weit und offen

Alles, was automatisiert werden kann, wird auch automatisiert werden, was zu sinkenden Kosten bei höherem Output führt. Die Wertschöpfung wird nicht mehr durch Ingenieure, sondern durch Datenanalysten erfolgen. Sie werden die Datenströme analysieren, die vernetzte Maschinen und Dinge produzieren, und sie für neue Geschäftsmodelle nutzen.

Doch die neuen Geschäftsmodelle werden weder mit den Managern von heute noch mit den Mitarbeitern von heute funktionieren, zumindest nicht ohne tiefgreifende Veränderungen im Denken und in der Zusammenarbeit. Überfluss muss anders gemanagt werden als der Mangel. Und eine exponentielle Welt kann nicht nach den Gesetzmäßigkeiten der linearen Welt funktionieren.

Es ist höchste Zeit, mit tayloristischen Managementmodellen zu brechen. Es war sicherlich einmal richtig, stabile, in sich geschlossene Systeme zu rationalisieren. Doch dieser Glaube wurde durch die Entwicklung der Märkte ebenso überholt wie der Glaube an die Planbarkeit und Steuerbarkeit sozialer Systeme. Hierarchisches Management, externe Kontrolle, Funktionsspezialisierung, starke horizontale und vertikale Arbeitsteilung, Motivation durch materielle Anreize entsprechen weder dem heutigen Selbstverständnis der Menschen noch den Marktanforderungen.

Studie: Kochen im eigenen Saft

Die Personalberatung Rochus Mummert hat für die Studie „Digital Leadership 2017" mehr als 100 Topmanager aus deutschen Unternehmen befragt. Das niederschmetternde Ergebnis: Deutsche Unternehmen vernachlässigen noch immer den Blick über den Tellerrand. Laut Studie bleibt die Frage „Was passiert außerhalb meines Betriebs?" oft unbeantwortet, denn mindestens vier von zehn deutschen Unternehmen betreiben nach wie vor kein strukturiertes Innovationsscouting. Was in den USA oder Asien passiert, haben noch weniger Firmen auf dem Radar. Auch in puncto Digitalisierung setzen Führungskräfte zu selten auf externe Impulse: Sie verlassen sich überwiegend auf den Austausch mit anderen Spitzenkräften aus dem eigenen Unternehmen(74 Prozent) oder reden nur mit direkt von ihnen geführten Mitarbeitern darüber (71 Prozent). 62 Prozent sprechen mit internen Experten, zum Beispiel aus der IT-Abteilung. Nur etwa ein Drittel der Befragten diskutiert über aktuelle Trends und Technologien mit externen Wissenschaftlern, Geschäftspartnern oder Verbandsvertretern.

„Die starke Orientierung auf die Innensicht hat nicht nur Folgen für die einzelne Führungskraft, sondern für das gesamte Unternehmen", sagt Dr.-Ing. Carlo Mackrodt, Partner bei Rochus Mummert. „Wer auf die disruptiven Veränderungen von Märkten und Kundenbedürfnissen reagieren möchte, muss regelmäßig über den Tellerrand schauen." Die Vernachlässigung des Blicks nach außen bedeutet: Veränderungen werden überwiegend aus den bestehenden Strukturen heraus getrieben.

Viele Firmen kochen sprichwörtlich im eigenen Saft. Es passt ins Bild, dass sich 63 Prozent der befragten Manager selbst ein sehr gutes digitales Zeugnis ausstellen und 64 Prozent der Spitzenkräfte ihre digitalen Kompetenzen im Vergleich zu denen ihrer Kollegen für überdurchschnittlich halten. „Hier besteht immer die Gefahr einer trügerischen Selbsteinschätzung, wenn diese auf einer zu starken Innensicht beruht, wie das laut unserer Studie offenbar immer noch in vielen Unternehmen der Fall ist", warnt Mackrodt. „Regelmäßig die Außenperspektive einzuholen gehört zur digitalen Reise jedes Unternehmens dazu."

Die lineare (Unternehmens-)Welt ist vergleichsweise eng, denn die Ressourcen sind sehr endlich. Risiken müssen möglichst vermieden werden. Hierarchische Organisation, Arbeitsteilung, Besitz von Produktionsanlagen und eine hohe Wertschöpfungstiefe sind weitere Merkmale. Man könnte vereinfacht sagen: Klassische Unternehmen leben trotz Globalisierung in einer relativ kleinen Welt. Sie sind zufrieden, wenn sie ein Wachstumsziel von fünf Prozent erreichen, und versuchen mit möglichst wenig Mitarbeitern auszukommen. Ihre Innovationstätigkeit beschränkt sich in der Regel auf die permanente Verbesserung und Weiterentwicklung ihrer Produkte. Nur selten verlassen sie die Grenzen ihrer Branche. Exponentielle Organisationen tun das Gegenteil:

- Sie denken groß und digital (wem gehört die Welt?).
- Sie können Risiken eingehen, weil sie nicht viel zu verlieren haben.
- Sie setzen auf externe Kompetenz und viele Partner.
- Datenanalyse ist ihre Quelle für Innovation.
- Sie nutzen das Internet als Quelle von Information und Talenten.
- Sie nutzen das Internet für Kommunikation, Marketing und Vertrieb.

»Das bei Weitem wichtigste Merkmal exponentieller Organisationen ist, dass sie die Kundenschnittstelle besetzen.«

FlixBus: von 0 auf 100

Am 13. Februar 2013 startete „FlixBus" in München. Drei Jahre später wurde er vom Bundesamt für Güterverkehr „mit rund 64 Prozent bezogen auf das Fahrtenangebot" als Marktführer identifiziert. Durch zwei weitere Übernahmen lag der Marktanteil im Fernbusliniengeschäft schon 2017 über 90 Prozent, obwohl das Unternehmen keinen einzigen Bus besitzt.

2009 stolperten Jochen Engert und seine Mitgründer Daniel Krauss und André Schwämmlein über eine Passage im Koalitionsvertrag der damaligen schwarz-gelben Regierungskoalition: „Dort stand, dass der Busfernlinienverkehr liberalisiert und dazu § 13 PBefG geändert würde." Bis dato unterlag der Markt erheblichen Restriktionen. Nach Gesetzeslage konnte ein fahrplanmäßiger Busverkehr grundsätzlich nicht genehmigt werden, wenn eine parallele Eisenbahnverbindung vorhanden war. „Wir fanden es ungeheuer spannend, in einer relativ konservativen Industrie mit moderner Technik ein neues Geschäftsmodell zu etablieren", sagt Engert. „Und obwohl uns viele rieten, es bleiben zu lassen, gaben wir unserem unternehmerischen Drang nach."

Das Konzept überzeugte. Namhafte Investoren beteiligten sich an dem Unternehmen. Anfang 2017 unterhielt FlixBus 120.000 tägliche Verbindungen zu rund 1.000 Zielen in 21 Ländern, in Dänemark, Frankreich, Italien, Kroatien, den Niederlanden und Österreich nationale Netze. Seit dem Start der grünen Linien konnten 60 Millionen Kunden und 250 Buspartner mit rund 5.000 Fahrern gewonnen werden.

„Solange das Auto noch für 80 bis 90 Prozent des Verkehrs verantwortlich ist, haben wir in unserem Kernmarkt, dem Fernbusverkehr nach Fahrplan, noch viel Potenzial. Wir expandieren in der Fläche. So profitieren auch Klein- und Mittelstädte, die bisher noch keinen Anschluss hatten", sagt Engert. Neben dem Fernbuslinienverkehr sei auch das Chartergeschäft ein spannender Markt, in den man 2016 eingestiegen ist. Langfristig gesehen gehe es aber um die Zukunft der Mobilität, so der Geschäftsführer. „Der Bus wird darin eine große Rolle spielen. Er ist effizient und umweltfreundlich, und wir haben mit FlixBus eine starke Marke."

Jochen Engert sieht für den Erfolg mehrere Gründe. „Wir haben das richtige Geschäftsmodell, das wir gemeinsam mit unseren mittelständischen Partnern verwirklichen. Unser Erfolg basiert auf der Digitalisierung eines traditionellen Verkehrsmittels", sagt er. „Wir konzentrieren uns auf das, was wir wirklich gut können: die Technologie rund um die Plattform. Wir treffen schnelle unternehmerische Entscheidungen. Die Geschwindigkeit und die Kombination aus Technologie-Startup und klassischem Verkehrsunternehmen ermöglichen es uns, sogar mit großen Konzernen in den Wettbewerb zu treten."

FlixBus übernimmt mit den Standorten in München und Berlin Technologieentwicklung, Netzplanung, Betriebssteuerung, Geschäftsentwicklung, Marketing und Vertrieb und kümmert sich um den Kundenservice, das Qualitätsmanagement und die Weiterentwicklung des Produkts. Die 250 regionalen Buspartner – häufig Familienunternehmen in dritter Generation – verantworten den täglichen Linienbetrieb und die grüne FlixBus-Flotte.

3.4 Kooperation schlägt Konkurrenz – Netzwerke gewinnen

Konkurrenz oder Wettbewerb bedingt immer einen Sieger und einen Verlierer, also einen, der schlechter ist als der andere: The winner takes it all. Für den Verlierer bleibt nichts. In vielen Branchen ist der Konkurrenzkampf hart, es geht um geringste Preisvorteile, um den einen Auftrag oder den einen Kunden. Auch wenn heute meistens von Mitbewerbern statt von Konkurrenten die Rede ist, herrscht hinter den Kulissen häufig noch Krieg.

Auch innerhalb vieler Unternehmen wird der Konkurrenzkampf als Motivationsinstrument vom Management aktiv gefördert. Solche Managementansätze laufen dem Teamgedanken zuwider, weil sie dazu führen, dass jeder nur das eigene Fortkommen im Sinn hat und nicht den Erfolg des Unternehmens. Ganz ähnlich ist es auch, wenn Ressourcen damit blockiert werden, der Konkurrenz nachzuspüren, wo es doch weit sinnvoller wäre, Kompetenzen zu bündeln und neuen, besseren Kundennutzen zu schaffen, den das einzelne Unternehmen vielleicht nicht erbringen kann. Hinter solchen Verhaltensweisen stecken häufig die Angst vor Know-how-Verlust, vor dem Verlust der Selbstständigkeit, vor Machteinbußen oder die Überschätzung der eigenen Leistungs-fähigkeit und Marktposition.

Manchmal fehlt das Bewusstsein für die Notwendigkeit und den Nutzen flexibler Kooperationsnetze. Andererseits zeigen viele Beispiele ge-lungener Kooperationen, dass es gerade für kleinere und mittelgroße Unternehmen sehr sinnvoll und für alle Beteiligten von Vorteil ist, die Kräfte zu bündeln. Denken Sie nur an Forschungs- und Entwicklungs-netzwerke oder gemeinsame Plattformen bei Globalisierung und Digitalisierung. Der Nutzen von Kompetenz- und Branchennetzwerken ist unbestritten.

Netzwerke ermöglichen es, ein Problem ganzheitlich zu betrachten und ganzheitliche Lösungen für Kundenprobleme zu finden. Damit die Arbeit in Netzwerken funktioniert, müssen sich die Teilnehmer jedoch von Nullsummenspielen und der Suche nach dem eigenen Vorteil verabschieden. In Netzwerken zu arbeiten bedeutet, dass jeder etwas gewinnen kann und sollte.

»Durch Netzwerke gewinnen alle.«

Eigentlich kann kein Unternehmen ohne Netzwerk existieren, wenn man alle externen Partner wie Lieferanten, Kunden, Berater, externe Spezialisten, Institute und Forschungseinrichtungen, Logistiker, Branchennetzwerke als Teil eines Netzwerks betrachtet. Sie alle tragen dazu bei, dass das Unternehmen seine Leistung erbringen kann. Plattformen machen vor, wie Netzwerke funktionieren. Jeder bringt seine Kompetenz beziehungsweise seine Leistung ein und zieht aus dem Gesamtgebilde seinen Nutzen.

Jochen Engert von FlixBus: „Wir bringen Innovation und Startup-Spirit mit Qualität aus Tradition zusammen." Natürlich gebe es hin und wieder Diskussionen über die Fahrpreise, doch die bestimme allein der Kunde. „Letztlich geht es nicht um den Preis, sondern um den Umsatz. Dafür sorgt der Preis, kombiniert mit einer ausreichenden Anzahl an Fahrgästen. Je stärker die Busse ausgelastet sind, desto besser für uns, unsere Partner und die Umwelt", sagt der Gründer. „Das erreichen wir durch eine algorithmenbasierte Planung. Außerdem geben wir unseren Partnern Auslastungsgarantien und tragen damit einen großen Teil des Risikos." Auch die Sicherheit der Passagiere werde großgeschrieben. Das Unternehmen gehe weit über den gesetzlichen Rahmen hinaus: „Unsere Partner sind mit modernen Bussen unterwegs, die über diverse technische Innovationen wie Fahrerassistenz- und Sicherheitssysteme verfügen. Es gibt Trainings für die Fahrer und auf Nachtlinien eine Doppelbesetzung, damit sich die Fahrer abwechseln können, sollte einer müde werden."

»Die Ressourcenausrichtung auf den Kunden verlangt Kooperation.«

Salim Ismail schreibt: „Die gemeinschaftliche Kraft von Netzwerken ist entscheidend für jede exponentielle Organisation. Was immer Ihre Leidenschaft ist (Sie träumen zum Beispiel davon, Krebs zu kurieren), draußen gibt es Netzwerke und Gemeinschaften, mit anderen leidenschaftlichen Menschen, die dasselbe Ziel haben, sich auf demselben Kreuzzug befinden.“

Netzwerke sind eigentlich nichts Besonderes. Sie funktionieren ähnlich wie Freundeskreise oder Familien. Haben Sie schon einmal genau hingeschaut, wenn ein Handwerker ein eigenes Haus baut? Alle anderen Handwerker in seinem Umfeld helfen dabei. Jeder bringt seine Kompetenz ein. Baut der Nächste aus diesem Kreis sein Haus, helfen wieder alle mit. Ähnlich funktioniert es in Familien. Auf diese Weise kann ein Einzelner etwas leisten, das er alleine nicht schaffen würde und vor allem nicht in derart hoher Qualität. Woran Unternehmensnetzwerke und -kooperationen häufig scheitern, sind die Absicherungsmentalität und das Vorteilsdenken ihrer Teilnehmer. Doch ein Netzwerk nützt seinen Mitgliedern nur, wenn alle etwas einbringen.

Netzwerke bringen zahlreiche Vorteile mit sich:

- Netzwerke erhöhen die Kompetenz des einzelnen Unternehmens.
- Netzwerke öffnen neue Märkte und Branchen.
- Netzwerke erleichtern die Konzentration auf das eigene Geschäft.
- Netzwerke schaffen Vertrauen, besonders wenn dahinter ein gemeinsames Ziel oder ein gemeinsamer Wert steht.
- Netzwerke bringen neue Technologien ins Unternehmen und fördern Innovation.
- Netzwerke beschleunigen die Öffnung des Unternehmens nach außen.

Wachsen mit Partnern

2009 haben die Ärztin Dr. Dr. Saskia Biskup und Dr. Dirk Biskup in Tübingen die CeGaT GmbH gegründet, ein humangenetisches Diagnostiklabor, das mittels Hochdurchsatzsequenzierung und sogenannter Diagnostik-Panels Erbinformationen entschlüsselt und medizinisch interpretiert. Durch das Verfahren können genetische Ursachen einer Erkrankung gefunden und Hinweise auf die beste Behandlung abgeleitet werden, auch bei Tumorerkrankungen. Durch die Nähe zur Universität Tübingen gelang es dem Paar, „ein Champions-League-Team" zu gewinnen. Die strategische Partnerschaft mit B. Braun Melsungen ist für das Unternehmen ein Glücksfall. „Die Beteiligung von B. Braun gab uns die Möglichkeit, in Wachstum zu investieren", sagt Saskia Biskup. „Wir haben einen Partner an unserer Seite, der einen sehr guten Ruf genießt, von dem wir viel lernen können und dessen Infrastruktur wir optimal für unser internationales Wachstum nutzen können."

2015 wurde die Tochtergesellschaft CeMeT – Center for Metagenomics gegründet, an der auch drei renommierte Tübinger Professoren und Asklepios beteiligt sind. „Wir erforschen, welchen Einfluss Mikroben (Bakterien, Viren, Pilze etc.) auf unsere Gesundheit haben. Das ist noch nicht für die Diagnostik verwendbar. Es geht um die Medizin der Zukunft", sagt Dirk Biskup. Gemeinsam hat man das weltweit größte Forschungsprojekt für Mikroben, das Projekt „Tübiom", auf den Weg gebracht. In diesem Projekt möchten die Wissenschaftler das Darmmikrobiom untersuchen, herausfinden und verstehen, welche Zusammenhänge es zwischen der Zusammensetzung des Darmmikrobioms und der menschlichen Gesundheit gibt. 10.000 Studienteilnehmer sollen einen Fragebogen ausfüllen und eine Stuhlprobe abgeben. Mit den Ergebnissen wird eine Referenzdatenbank aufgebaut, die erste Analysen zum Einfluss ausgewählter Faktoren auf das Darmmikrobiom ermöglicht.

»Schaffen Sie Innovationsökosysteme!«

Beginnen Sie damit, dass Sie auf Ihrer Website Schnittstellen schaffen, an denen sich andere andocken können. Die meisten Unternehmen haben mittlerweile eine Karriereseite. Warum also nicht Schnittstellen zu Lieferanten, Kunden, Forschern und Startups schaffen? Ebenso wie Sie auf der Karriereseite definieren, welche Mitarbeiter das Unternehmen sucht und was es ihnen bietet, wie der Prozess abläuft, sollten Sie das auch bei den anderen Schnittstellen machen. Startups können dann ebenso wie potenzielle Mitarbeiter auf der Karriereseite sehen, für welche Suchfelder/Themen sich das Unternehmen interessiert, was es den Startups anbietet und wie die Zusammenarbeit aussehen kann. Mit diesen Schnittstellen vollziehen Sie zudem die Umstellung von Push auf Pull. Indem Sie sich als attraktiver Partner darstellen, sozusagen Ihre Marke nach außen zeigen und sich öffnen, ziehen Sie interessierte Startups und andere in Ihr Netzwerk.

Mehr zum Thema: *startup-code.de/innovations-oekosystem*

Stellen Sie sich doch einmal folgende Fragen:

- In welchen Netzwerken/Verbänden sind Sie mit Ihrem Unternehmen bereits aktiv, und welchen Nutzen gewinnen Sie daraus?

- Was bringen Sie selbst ein?

- Welche weiteren Möglichkeiten der Zusammenarbeit mit anderen Unternehmen, Netzwerken oder anderen Partnern sehen Sie?

- Was erhoffen Sie sich für Ihr Unternehmen durch die Arbeit in Netzwerken (mehr Kompetenzen, neue Ideen, Einblick in neue Technologien, digitalen Fortschritt, gemeinsame Plattformen für Messen ...)?

- Was steht der Arbeit in Netzwerken oder Kooperationen entgegen?

- Welche Voraussetzungen müssen für Sie gegeben sein, damit Sie sich in Netzwerken engagieren?

- Welche Schnittstellen nach außen können Sie schaffen?

Kapitel 4

Die Frage nach dem Sinn

»Arbeit um der Arbeit willen ist gegen die menschliche Natur.«
John Locke

Die Frage nach dem Sinn und Zweck eines Unternehmens ist gleichzeitig eine Frage nach dem Nutzen, den es seinen Kunden bieten kann. Da der Kunde in einer digitalen Welt wichtiger denn je ist, sollte es für jedes Unternehmen ein absolutes Muss sein, die Frage nach dem Warum zu stellen.

- Warum gibt es Ihr Unternehmen?
- Welchen Nutzen bietet Ihr Unternehmen seinen Kunden, der Gesellschaft, der Menschheit?

Ja, ich sehe schon, wie Sie die Stirn runzeln, die Augenbrauen hochziehen und denken: „Was soll der Unfug? Diese Frage stellen Strategieberater seit Jahren. Jedes Unternehmen braucht eine Mission und eine Vision. Schon klar."

Nein, eben nicht. Gar nichts ist klar. Zum einen herrscht oft Unklarheit über den Unterschied von Mission und Vision, zum anderen haben Unternehmen oft Visionen und Missionen, die weder das eine noch das andere sind. Oder finden Sie, dass „Wir wollen das größte Autohaus in unserer Stadt werden" tatsächlich eine Aussage ist, die irgendjemanden begeistert, seien es Mitarbeiter oder Kunden? Welchen Nutzen hat der Kunde davon, wenn Sie das größte Autohaus am Ort werden wollen? Ganz genau: keinen. Deshalb frage ich auch nicht nach Mission oder Vision, sondern bitte Sie, sich intensiv und ehrlich mit der Frage nach dem Warum auseinanderzusetzen. Die Antwort „um möglichst viel Geld zu verdienen" ist nichts, was Menschen dazu einlädt, bei Ihnen Kunde zu werden oder für Sie zu arbeiten.

»Die Klärung des Warum ist kein basisdemokratischer Prozess.«

Die Klärung der Warum-Frage ist kein basisdemokratischer Prozess. Die Antwort muss vom Gründer/den Gründern des Unternehmens kommen. Es ist die vordringlichste Aufgabe der Gründer, dieses Warum zu klären und zu bewahren. Die dazugehörigen Werte, das Wie und das Was können mit dem Team weiterentwickelt werden. Das Warum aber ist der Samen, aus dem das Unternehmen entsteht, und muss ständig gepflegt werden. Es ist nur sehr bedingt anpassbar.

4.1 Vision verbunden mit Werten

Thermondo-Geschäftsführer Philipp Pausder sagt: „Wir sind Überzeugungstäter. Unser gemeinsames Ziel ist ‚kleiner zwei Grad‘. Wir wollen unseren Beitrag gegen den Klimawandel leisten und verhindern, dass der Temperaturanstieg auf der Erde über zwei Grad Celsius beträgt. Der Wärmemarkt ist dafür der größte Hebel. Ohne Wärmewende wird es keine Energiewende geben. Das ist eine starke Motivation für jeden Mitarbeiter. Nicht ohne Grund erhalten wir trotz eines leer gefegten Arbeitsmarkts jeden Monat 400 Bewerbungen. Das sind Menschen, die auf Veränderung setzen und an der Gestaltung einer guten Zukunft mitwirken möchten.“

Was für eine wunderbare Aufgabe, dabei zu helfen, die Erde und die Menschen zu schützen. Wie viel besser ist dieses gemeinsame Ziel als „der größte Heizungsbauer Deutschlands“ zu werden. Was für ein starker Antrieb für die Mitarbeiter und was für ein gutes Gefühl für die Kunden.

Mit der Vision einer „grünen und smarten Mobilität, die es jedem ermöglicht, die Welt zu entdecken“, verfügen die Mitarbeiter von FlixBus ebenfalls über einen starken Antrieb, der weit über finanzielle Ziele hinausgeht.

Massive Transformative Purpose
Salim Ismail schreibt, die erste Frage, die sich ein Gründer stellen müsse, sei:

»Was ist das größte Problem, das ich gelöst sehen möchte?«

Die Antwort auf diese Frage müsse letztlich zu einem Massive Transformative Purpose (MTP) führen. Diese starke Vision sei ein elementarer und grundsätzlicher Aspekt eines Startups. John F. Kennedy wusste schon in den 50er-Jahren um die Kraft einer Vision, als er sagte: „Wir bringen einen Mann auf den Mond."

Kraftvolle Visionen:

„Organizing the world's information"
(Google)

„To help individuals and businesses realize their full potential"
(Microsoft)

„Einfachen Menschen ermöglichen, die gleichen Dinge zu kaufen wie Wohlhabende"
(Walmart)

„Protecting People"
(UVEX)

„To create a better everyday life for the many people"
(IKEA)

„Stell dir eine Welt vor, in der jeder einzelne Mensch freien Anteil an der Gesamtheit des Wissens hat"
(Wikimedia)

»Ein starker MTP muss groß gedacht sein, am besten für die Menschheit von Bedeutung sein.«

Ismail verbindet die Vision eines Unternehmens außerdem eindeutig mit dem persönlichen Antrieb des Gründers. Der Autor führt in seinem Buch Elon Musks brennendes Interesse an den Themen Energie, Transport und All als Beispiel an. Drei von Musks Unternehmen entsprächen genau diesen Interessen: SolarCity, Tesla und SpaceX. Insofern sei der MTP/die Vision keine Unternehmensentscheidung, sondern eine sehr persönliche, die Suche nach der eigenen Leidenschaft. Wer ein MTP finden wolle, müsse sich fragen:

- Was ist mir wirklich wichtig?
- Was ist meine Bestimmung?

Mit zwei weiteren Fragen könne man den Prozess beschleunigen:

- Was würde ich tun, wenn ich niemals scheitern könnte?
- Was würde ich tun, wenn ich heute eine Milliarde Dollar erhielte?

Ein Startup und ein Unternehmen zu gründen ist also eine sehr persönliche Angelegenheit, hat etwas mit Leidenschaft, ja sogar Besessenheit zu tun und mit Durchhaltevermögen, denn Verzweiflung und Euphorie, Erfolg und Scheitern sind stets Teil von Unternehmensgeschichten. Ein Unternehmen zu gründen und zu führen ist eine Story, die meistens das Zeug zu einem Vierteiler hat, denn Unternehmensgeschichten sind immer auch die Geschichte von Menschen. An Ostern 2017 verfolgten über drei Millionen Zuschauer die Geschichte der Dasslers (Adidas und Puma) vor dem Fernseher.

»Work is love made visible.«
Khalil Gibran, Künstler und Autor

Warum eine starke Vision, ein starkes Warum so wichtig ist, sollte klar sein: Es ist der innere Kern eines Unternehmens, der Gründer, Mitarbeiter, Lieferanten, Partner und Kunden anzieht, motiviert und antreibt. Es ist der Sinn, der die Menschen begeistert. Er hebt Ihr Unternehmen auf die emotionale Ebene und macht es möglich, dass sich eine Gemeinschaft bildet. Apple ist das mit dem iPhone gelungen. Die Leute haben es nicht nur gekauft, sie haben vor den Läden kampiert und begonnen, Apps zu entwickeln. Außerdem lenkt laut Ismail eine starke Vision den Fokus auf die Außensicht. Ein Mitarbeiter von Thermondo wird sich (idealerweise) bei allem, was er tut, fragen: „Trägt mein Tun dazu bei, den Temperaturanstieg auf der Erde gering zu halten?"

2015 gehörten rund 22 Prozent der Bevölkerung in Deutschland der Altersgruppe der 16- bis 35-Jährigen an – den Millennials – und rund 20 Prozent der Arbeitskräfte. Und es werden mehr. Die Millennials und ihre Nachkommen sind die Kunden und Mitarbeiter der Zukunft – Grund genug, sie sich genauer anzuschauen. Zu den Millennials gehören die Generation Y (im Zeitraum von 1980 bis 2000 geboren) und die Generation Z (zwischen 2000 und 2015 geboren). Ich gehöre selbst zur Generation Y, sie ist mit dem Internet aufgewachsen, die Generation Z mit den sozialen Netzwerken. Zusammen bilden sie die Gruppe der sogenannten Digital Natives.

Die Millennials sind nicht so richtig greifbar; mal werden sie als abgedrehte und verwöhnte Wohlstandskinder betrachtet, mal als Streber. Ich würde sagen, gemeinsam ist uns die Abneigung, in hierarchisch geführten Unternehmen zu arbeiten. Millennials möchten ihr eigenes Ding machen, sind Sinnsucher. Sie sind auf Arbeit im Team gepolt statt auf Konkurrenzkampf. Befehle und Anweisungen nehmen sie nur ungern entgegen. Sie bevorzugen das Gespräch auf Augenhöhe. Starre Regeln sind ihnen ein Gräuel, egal ob es um Arbeitszeit, Arbeitsort oder Aufgaben geht. Die Statussymbole ihrer Eltern interessieren sie nur wenig, ein iPhone ist ihnen wichtiger als ein BMW. Respekt bringen sie niemandem aufgrund eines Titels oder eines Anzugs entgegen, sondern aufgrund seines Handelns.

Besitz ist den Millennials nicht so wichtig, sie teilen gerne. Carsharing zum Beispiel finden Millennials toll: Sie brauchen sich kein teures

Auto zu kaufen, das die meiste Zeit nutzlos herumsteht, aber können eines nutzen, wenn sie eines brauchen. Wenn es dann noch ein Elektroauto ist, umso besser, denn Millennials ist Umweltschutz ebenso wichtig wie Gesundheit. Sie sind mit Zahnfee, Fitnesswahn und Ökologie aufgewachsen. Wenn Millennials sich in einer Firma nicht wohlfühlen, gehen sie. Viele von ihnen haben schon Teile ihres Studiums im Ausland verbracht, Travel-and-Work-Programme mitgemacht und unzählige Praktika hinter sich gebracht. Sie sehen keinen Grund, dort zu bleiben, wo es ihnen nicht gut geht. Ganz wichtig ist den Millennials die Gemeinschaft, ihr Netzwerk. Dort finden sie nicht nur Freunde, sondern auch Ideen und Anregungen, können gemeinsame Projekte in Angriff nehmen. Die scharfe Trennung von Beruf und Privatleben gibt es bei ihnen nicht.

Warum ich Ihnen das alles erzähle? Um Ihnen klarzumachen, dass Sie keine Wahl haben. Wenn Sie Ihre Organisation nicht verändern, werden Ihnen nicht nur die Kunden davonlaufen, sondern Sie werden sich auch schwertun, gute Mitarbeiter zu gewinnen und zu halten. Wenn Mitarbeiter und Führung nicht dieselben Werte teilen, ist die Zusammenarbeit nicht von Dauer. Frühere Generationen mögen noch aus Angst um den Arbeitsplatz oder aus Loyalität „durchgehalten" haben, die Millennials werden das nicht tun.

Glaubwürdig durch Werte

Während der MTP beschreibt, warum wir tun, was wir tun, beschreiben unsere Werte, wie wir etwas tun. MTP und Werte sind untrennbar miteinander verbunden. Letztlich entscheidet sich daran, ob jemand bei uns arbeiten will. An unseren Werten lässt sich messen, wie ernst es uns mit unserer Vision ist, wie ehrlich wir sie verfolgen.

Natürlich hat nicht jedes Startup und jedes exponentielle Unternehmen einen starken und außergewöhnlichen MTP; entscheidend ist, dass der MTP einen klaren Nutzen für den Kunden zeigt. Wenn auch noch ein Nutzen für die Gesellschaft erkennbar ist – umso besser.

Ökologie, Nachhaltigkeit und Gesundheit zählen zu den Megatrends. Vielen Men-schen sind diese Themen enorm wichtig. Unternehmen, die hier punkten können, haben einen Vorteil.

Ehrlichkeit zählt zu den Werten, die auf jeden Fall gelebt werden sollten. Kein Kunde toleriert heute, wenn sich Unternehmen Umweltschutz auf die Fahnen schreiben und nicht entsprechend handeln. Am Ende des Tages wird ein Unternehmen von Kunden und Mitarbeitern daran gemessen, ob es tut, was es sagt. Die digitalen Medien sorgen dafür, dass nichts verborgen bleibt. Schlechte Behandlung der Mitarbeiter, miese Bezahlung, Kinderarbeit, Umweltsünden – irgendwie kommt alles ans Licht. Ehrlichkeit, Offenheit und Kommunikation auf vielen Kanälen ist deshalb für moderne Unternehmen ein Muss.

Die digitalen Startups wissen das und handeln (meistens) entsprechend. Sie schaffen Communitys, Wertegemeinschaften, die ihnen nicht nur einen direkten Zugang zum Kunden ermöglichen, sondern es auch einfacher machen, sollte wirklich einmal ein Fehler passieren. Das ist eine einfache Logik: Wenn mir jemand wohlgesonnen ist, wird er sich anhören, was ich zu sagen habe, bevor er urteilt.

Digitales Wirgefühl siegt

Die jungen digitalen Startups haben gegenüber etablierten Unternehmen einen großen Vorteil: Die Gründer sind meistens Digital Natives. Internet und soziale Medien begleiten sie ihr Leben lang. Die Crowd, Collaboration, Co-Working, Sharing, Empfehlen, Liken, Taggen – alles selbstverständlich. Den Gründern ist die Gemeinschaft aus der eigenen Entwicklung heraus ein Bedürfnis, dem sie selbstverständlich folgen und das sie natürlich auch für sich beziehungsweise ihr Unternehmen nutzen.

Infolge des neuen digitalen Lebensgefühls haben sich neue, weitgehend hierarchiefreie und fachübergreifende Arbeitsweisen entwickelt, die Startups agil, kreativ und unglaublich schnell machen. Und – ganz wichtig – dabei haben alle Spaß. Es ist nichts Neues, dass Menschen, die ihre

Arbeit gerne und mit Stolz tun, kreativer, engagierter und produktiver sind als diejenigen, die ihre Arbeit als Mühsal verstehen. Dazu trägt sicherlich auch bei, dass man Fehler machen darf und dafür keine Sanktionen zu befürchten hat.

Noch einmal FlixBus-Gründer Jochen Engert: „Wir haben mit einem ganz kleinen Team und wenig Mitteln begonnen. Heute sind wir schon fast ein Konzern und haben mehr als 1.000 Mitarbeiter an verschiedenen Standorten. Wir sind im Schweinsgalopp durch die Organisations- und Unternehmensentwicklung gerannt. Irgendwann mussten das erste Orga-Chart gezeichnet und Prozesse beschrieben werden. Es musste dafür gesorgt werden, dass alle Mitarbeiter die für ihre Arbeit relevanten Daten haben, und vieles mehr. Die Kultur, die im Laufe der Zeit entstanden ist, entwickeln und pflegen wir aktiv.

Wir tragen unsere Werte immer wieder in die Teams, damit sie auch den neuen Mitarbeitern bekannt sind: Wir denken vom Kunden aus, gehen Risiken ein und lernen aus unseren Fehlern. Wir sind mit Leidenschaft bei der Sache, genau wie unsere Buspartner. Unsere Werte stärken den Zusammenhalt und verhindern, dass wir in überflüssiger Bürokratie versinken."

Auch Thermondo-Geschäftsführer Philipp Pausder sieht die Unternehmenskultur als einen Erfolgspunkt: „Wir arbeiten immer aktiv an unserer Kultur. Bei uns arbeiten mittlerweile rund 300 Menschen aus unterschiedlichen Berufsgruppen wie Handwerker, Softwareentwickler, Vertriebsleute sowie Menschen aus verschiedenen Ländern gemeinsam. Unsere Zusammenarbeit ist geprägt von Gleichwertigkeit und tiefem Respekt für den Einzelnen. Wenn wir bemerken, dass sich überflüssige Hierarchien bilden, werden sie aktiv abgebaut. Wir fördern eine flache Kommunikation und horizontales Denken."

Ein etabliertes, hierarchisch organisiertes und geführtes Unternehmen kann nicht von heute auf morgen eine Startup-Kultur implementieren. Ein Anfang wäre, sich einige einfache Fragen zu stellen und ehrlich zu beantworten, um Aufschluss über die tatsächlichen Werte im Unternehmen zu erhalten; und damit meine ich nicht die irgendwo offiziell niedergeschriebenen, sondern diejenigen, die täglich gelebt werden:

- Aus welchem Grund (außer der Bezahlung) sollte jemand in Ihrem Unternehmen arbeiten wollen?

- Haben Ihre Mitarbeiter die Möglichkeit, angstfrei Kritik an Produkten, Projekten etc. zu äußern, und tun sie es? Wenn sie es nämlich nicht tun, stimmt etwas mit Ihrer Führungskultur nicht.

- Trauen Sie Ihren Mitarbeitern etwas zu, und wie zeigen Sie dies?

- Sind Ihre Mitarbeiter informiert, oder müssen sie sich mit Spekulationen und dem Flurfunk zufriedengeben?

- Gehen Ihre Mitarbeiter mit Freude an neue Aufgaben oder mit Zurückhaltung oder gar Angst und Ablehnung?

Und die einfachste Frage: Was passiert, wenn Sie als Unternehmer/ Geschäftsführer einen Raum betreten? Werden die Köpfe eingezogen, oder begrüßt man Sie offen und freundlich?

4.2 Wie weit trägt unsere Vision?

Ich kenne ein Unternehmen, dessen Vision es ist, den Gewinn jedes Jahr um fünf Prozent zu steigern. Ich bin der Meinung, das ist keine Vision, sondern Unsinn, der keinen einzigen Mitarbeiter motiviert und besser nicht nach außen getragen werden sollte. Gehen wir einmal davon aus, dass Sie eine bessere Vision haben, doch trotzdem müssen Sie sich die Frage stellen, wie weit Ihre Vision trägt, ob sie „groß" genug ist. Stellen Sie sich die Frage nach der Zukunftsfähigkeit Ihrer Vision und Ihres Geschäftsmodells unbedingt und immer wieder:

- Wie weit trägt unsere Vision?
- Wird man uns in 20 Jahren noch brauchen?
- Was müssen wir tun, damit man uns in 20 Jahren noch braucht?
- Wie werden wir künftig Innovationen erzielen?

Seien Sie bei der Beantwortung dieser Fragen kreativ, und holen Sie andere mit dazu. Denken Sie strikt vom Kunden aus. Überlegen Sie, worauf Ihr Geschäftsmodell gründet, ob Ihre Kunden in 20 Jahren mit Ihren Produkten noch etwas anfangen können. Möglicherweise brauchen Lebensmittel keine Verpackung mehr, weil man nur noch eine Tablette in die Mikrowelle legt und nach ein paar Sekunden das Lieblingsessen auf dem Teller hat. Wer braucht dann noch Verpackungsmaschinen?

Vielleicht gibt es in 20 Jahren keine E-Book-Reader mehr, weil jeder Tisch und jede Wand, jeder Platz in Bus und Bahn über einen integrierten E-Book-Reader verfügt oder sogar über einen PC. Vielleicht kann man in 20 Jahren in jedem Baumarkt einen Roboter-Handwerker ausleihen, in den alle Werkzeuge integriert sind. Was wird aus den Herstellern von Bohrmaschinen, Sägen, Akkuschraubern etc.? Braucht man überhaupt noch einen Baumarkt? Bestimmt kann man den Roboter online bestellen oder leasen. Vergessen Sie bei Ihren Überlegungen nicht, dass Nanotechnologie, künstliche Intelligenz, Sensorik, Robotik und 3D-Druck künftig zentrale Rollen spielen werden.

»Veränderung gelingt nur mit einem Sinn, einer Vision, einem Warum, das alle verstehen.«

Ich gehe davon aus, dass es Ihr Unternehmen in 20 Jahren nur noch geben wird, wenn es sich grundlegend verändert. Mit grundlegend meine ich die Organisationsform, die Prozesse und Arbeitsweisen, die Kultur, die Führung, die Produkte, das Geschäftsmodell – einfach alles. Ihr

Unternehmen muss digital, agil, schnell, vernetzt und vor allem besessen vom Kunden werden. Damit Sie dieses Ziel erreichen, müssen Sie, Ihre Führungskräfte und Ihre Mitarbeiter sich dem Wandel stellen und sich verändern. Jeder muss sich von lieb gewordenen Gewohnheiten, Pfründen und Annehmlichkeiten trennen. Das ist hart, aber der Gewinn ist nicht zu verachten: Nicht nur wird das Unternehmen den Sprung in die Zukunft schaffen, sondern Lust und Freude an der Arbeit werden zurückkehren.

Und keine Angst: In den folgenden Kapiteln finden Sie praktikable Vorschläge, wie Sie Ihr Unternehmen auf den Weg in die Zukunft bringen.

Nicht vergessen: Die digitale Transformation ist kein Technologie-, sondern ein Veränderungsprozess. Sie müssen sich mit neuen Denkmustern und Vorgehensweisen auseinandersetzen. Und die Ersten, die das tun müssen, sind der Unternehmer und das Topmanagement.

Wie entsteht Innovation in Zukunft?

Lassen Sie mich am Beispiel Innovation zeigen, dass sich dringend etwas ändern muss. Schauen wir uns den klassischen Innovationsprozess an. Er bezeichnet die Umsetzung neuer Erkenntnisse in marktfähige Problemlösungen. Erfolg oder Misserfolg einer Innovation werden vom Markt bestimmt. Das impliziert einen interdisziplinären Prozess, doch genau das gestaltet sich häufig schwierig, da in etablierten Organisationen die verschiedenen Bereiche untereinander um Ressourcen konkurrieren. Nimmt man das Beispiel Produktinnovation, so durchläuft der gesamte Prozess mehrere Phasen:

1. Erfassung von Bedarf und Dringlichkeit einer Innovation
2. funktionsbezogene Planung
3. Produktentwicklung und -gestaltung
4. Produktion
5. Markteinführung

Bis das Produkt mit einem meist kostenintensiven Marketing in den Markt gedrückt wird, vergeht viel Zeit. Die Annahme durch den Kunden ist ungewiss. Das heißt, jede Innovation stellt für das Unternehmen ein hohes Risiko dar. Kommt die Neuheit bei den Kunden nicht an, wurde jede Menge Geld verbrannt. Deshalb gibt es meistens kein Zurück, sondern man erhöht eher die Marketingausgaben.

Startups gehen anders an das Thema heran. Sie arbeiten mit Methoden wie Rapid Prototyping, Scrum, Design Thinking und MVP, die ihnen eine kurze Time-to-Market-Zeit ermöglichen, eine schnelle Validierung und eine rasche Reaktion auf Kundenfeedback. Und sie stellen konsequent den Kunden in den Mittelpunkt ihrer Überlegungen. Bei Startups geschieht Innovation von außen nach innen, in etablierten Unternehmen meistens von innen nach außen. Technologie und Perfektion stehen im Vordergrund statt Schnelligkeit und Kundennutzen.

Künftig wird Innovation nicht mehr in der Entwicklung passieren, sondern auf Plattformen, an denen Mitarbeiter verschiedener Bereiche, externe Technologiespezialisten, Lieferanten, Kunden, kreative Köpfe, IT-Nerds, Designer und Wissenschaftler beteiligt sind, oder in Innovationszentren, in Corporate Startups, in Technologie-Hubs, in Co-Working Spaces, über Collaboration-Software …

Wichtig werden Schnelligkeit und die Zusammensetzung der Teams und deren Arbeitsmethoden sein. Je schneller Innovationen auf den Markt kommen, desto überschaubarer sind die Kosten und damit das Risiko. Die großen Konzerne beschreiten diese Wege schon jetzt. Die Commerzbank hat mit dem „#openspace" ihr eigenes Innovationslabor gegründet, Siemens nennt es „next47", und die Telekom hat einen Inkubator namens „hub:raum" ins Leben gerufen.

Für KMU bietet sich die Zusammenarbeit mit Startups an. Das kann, ja muss sogar in einem geschützten Raum außerhalb des Unternehmens erfolgen. In Stuttgart bieten wir dafür mit den Accelerate Spaces passende Räume an. Mehr zu den Möglichkeiten der Zusammenarbeit zwischen etablierten Unternehmen und Startups finden Sie in den Kapiteln 5 und 6.

4.3 Das Warum muss kommuniziert werden

Auch der britische Autor, Journalist und Unternehmensberater Simon Sinek sieht das Warum einer Organisation als entscheidend für deren Erfolg. In seinen Vorträgen erklärt er das mit dem „Golden Circle", dem goldenen Kreis; eigentlich sind es drei Kreise ineinander. Der innerste Kreis enthält die Frage „Why? Warum?", im zweiten Kreis geht es um das „How? Wie?" und im äußersten Kreis um „What? Was?".

In seinen Vorträgen erklärt Sinek, was es damit auf sich hat. Das What steht für die Produkte, die wir verkaufen möchten, das How für die Art und Weise, wie wir diese Produkte herstellen, wodurch wir uns von anderen unterscheiden, zum Beispiel durch einen überlegenen Produktionsprozess oder ein einzigartiges Wissen um eine bestimmte Technologie. Das Why erklärt unseren Antrieb, weshalb wir tun, was wir tun. Das Warum ist die Überzeugung des Gründers oder des Gründerteams. Es ist das, was andere mitreißt. Finanzieller Erfolg sei kein Antrieb, sondern die logische Folge eines inspirierenden Warum, betont Sinek.

> *»Kommunizieren Sie zuerst Ihren Antrieb, Ihr Warum, erst danach das Wie und Was!«*

Die meisten Unternehmen, so Sinek, wüssten, was sie tun, manche wüssten sogar, wie sie es tun, aber nur die wenigsten wüssten, warum sie tun, was sie tun, also kommunizierten sie, was sie tun. Doch es sei nicht möglich, Menschen mit dem Was, also einem Produkt, zu überzeugen: „Schau, wir haben ein tolles Produkt. Willst du es haben? Wir produzieren es mit einer überlegenen Technologie, die es besser macht, als das Produkt des Wettbewerbs. Willst du es kaufen?"

Der Kunde wird sagen: „Nee, nee, will ich nicht." Doch das Why, so Sinek, spreche unsere Gefühle an, unseren „Bauch". Letztlich würden wir nicht kaufen, weil wir rational überzeugt seien, sondern weil wir dem- oder denjenigen vertrauen, die hinter dem Why stecken, weil ihre Überzeugung die unsere sei. Doch das Why werde von erstaunlich wenigen Unternehmen kommuniziert.

Sinek nimmt gerne das Beispiel Apple zu Hilfe. „Apple war nie die einzige Computerfirma. Auch andere hatten gute Computer", sagt er. „Wären sie hingegangen und hätten gesagt: ‚Schau her, wir haben einen tollen Computer (What), wunderbar designt und leicht zu bedienen (How). Willst du ihn haben?', hätte Apple wohl niemals Kultstatus erlangt.

Doch Apple argumentierte von innen nach außen: ‚Wir sind überzeugt, dass wir mit allem, was wir tun, den Status quo infrage stellen und die Dinge anders machen. Unsere Produkte sind wunderbar designt und leicht zu bedienen. Möchten Sie unseren Computer kaufen?'" Das sei die Grundlage für den enormen Erfolg und habe dazu geführt, dass die Fans des Unternehmens jedes Produkt von Apple kauften.

Es sei ein Merkmal inspirierender Führungspersönlichkeiten und Organisationen, dass sie über dieses starke Warum verfügten, das Vertrauen schaffe und andere davon überzeuge, ihnen zu vertrauen. „Wir vertrauen denen, die dieselbe Überzeugung und dieselben Werte haben wie wir", sagt Sinek.

Sinek ist darüber hinaus überzeugt, dass Erfolg und Wachstum von Unternehmen oft dazu führen, dass dieses starke Warum des Gründers verloren geht. Nur so sei zu erklären, weshalb es mit Apple abwärtsgegangen sei, nachdem Steve Jobs gegangen war, und er zurückkommen musste. „Menschen kaufen kein Produkt, weil es so toll ist; sie kaufen, weil sie vertrauen", sagt Sinek.

Mehr zum Thema ↗ *startupcode.de/start-with-why*

Kapitel 5

Neue Organisationen für eine erfolgreiche Zukunft

Sicherlich haben Sie schon erkannt oder befürchten, dass sich auf lange Sicht nicht nur einzelne Parameter verändern dürfen, wenn Sie auch in 20 Jahren noch erfolgreich sein möchten, sondern das gesamte Unternehmen mit seinen Mitarbeitern, Kunden und Lieferanten. Und bestimmt fragen Sie sich, ob das überhaupt möglich ist. Ja, aber das ist ein langer Weg. In diesem Kapitel geht es deshalb darum, wie Sie die Veränderungen, die vor Ihnen liegen, anstoßen können und wer Sie dabei unterstützen kann. Denn eines ist klar: Die Veränderung der gesamten Organisation geht nicht von heute auf morgen und dauert ihre Zeit.

Echte Veränderung ist eine große Herausforderung, doch Schritt für Schritt sollte sie gelingen. Dabei ist es durchaus sinnvoll, verschiedene Optionen gleichzeitig zu nutzen. Die Zusammenarbeit mit Startups oder die Gründung eigener Digitaleinheiten kann etablierten Unternehmen auf dem langen Weg der Veränderung helfen und die Veränderung sogar beschleunigen. Welchen Weg Sie dabei gehen, ob Sie ein Startup kaufen, ein Joint Venture eingehen, eine Digitaleinheit gründen oder sich an einem Accelerator beteiligen, hängt von Ihren Zielen ab. Es gibt viele Möglichkeiten, von denen ich Ihnen einige vorstellen möchte. Allerdings sollten Sie sich gut überlegen, ob Sie das alles alleine stemmen können, denn oft fehlt es nicht nur an Kompetenzen, sondern auch an Ressourcen. Schließlich muss das normale Geschäft weiterlaufen, denn damit verdienen Sie aktuell Geld.

Für Philipp Depiereux, Gründer und Geschäftsführer der Digitalberatung und Startup-Schmiede etventure, ist klar, dass sich nicht die gesamte Kernorganisation auf einen Rutsch transformieren lässt: „Das kann durchaus mehrere Jahre dauern. Während dieser Zeit muss die Organisation weiter im Kern funktionieren. Auch die bisherige IT wird natürlich weiterhin gebraucht, um die internen IT-Vorhaben fortzuführen und im geschützten Raum validierte Produkte und Prototypen perfekt in die Organisation zu implementieren."

Er empfiehlt die Bildung einer Digitaleinheit: Mit internen und externen Mitarbeitern operiert sie parallel in einem geschützten Raum, in dem

Testen und Scheitern erlaubt sind. Sie startet greifbare Leuchtturm-projekte mit schnellen, sichtbaren Ergebnissen. Die ersten Erfolge aus einer solchen Digitaleinheit wirken als Initialzündung und müssen aktiv dafür genutzt werden, sukzessive auch die Kernorganisation für die Digitalisierung zu begeistern.

Und denken Sie daran: Sie stehen mit der digitalen Transformation nicht alleine da. Viele Unternehmen suchen nach Wegen oder haben auch schon welche gefunden. Machen Sie sich deren Erfahrungen zunutze! Seien Sie überall dort präsent, wo das Thema eine Rolle spielt und wo Sie Kontakte knüpfen können. Und kümmern Sie sich um Ihre eigene digitale Kompetenz. Als Unternehmer oder Geschäftsführer müssen Sie zumindest so viel digitale Kompetenz erwerben, dass Sie zum einen wissen, was Sie tun beziehungsweise was im Unternehmen vor sich geht, und zum anderen müssen Sie für die Mitarbeiter Antreiber, Coach und vor allem ein überzeugendes Vorbild sein.

5.1 Die Organisation der Gegenwart

Bevor wir starten, möchte ich Ihnen noch einmal in aller Deutlichkeit die Nachteile heutiger Organisationen vor Augen führen. An der einen oder anderen Stelle werden Sie vielleicht nicht einverstanden sein, weil das in Ihrem Unternehmen „viel besser ist". Das mag sein, doch wenn Sie ehrlich sind, werden Sie wissen, dass die Dinge zumindest in abge-schwächter Form oder in einzelnen Bereichen auf viele Unternehmen zutreffen.

Hierarchischer Aufbau von oben nach unten

Heutige Unternehmensstrukturen sind meistens hierarchisch, arbeits-teilig und linear aufgebaut. Sie negieren damit die Dynamik und Komplexität der heutigen und künftigen Märkte. Die „allwissende" Unter-nehmensleitung sagt, wo es langgeht, und gibt die Ziele für die Organi-sation über diverse Hierarchieebenen von oben nach unten weiter. Je weiter unten in der Hierarchie der Mitarbeiter steht, desto weniger Verantwortung trägt er und desto weniger hat er zu sagen. Das Miteinander wird häufig durch die Konkurrenz um knappe Ressourcen behindert. Veränderungen sind nur schwer durchsetzbar, da deren Notwendigkeit für die Mitarbeiter kaum verständlich ist, vor allem wenn das Unternehmen erfolgreich ist. Sie haben zu wenige Informationen, um die Lage realistisch beurteilen zu können. Durch den Filter der verschiedenen Hierarchieebenen bleiben viele gute Ideen auf dem Weg nach oben stecken. Der Kunde hat im Organigramm hierarchischer Organisationen keinen Platz.

Machtfokussierung statt Kundenfokussierung

Jedes Unternehmen führt heute die Kundenorientierung beziehungsweise -fokussierung im Munde. Tatsächlich ist der Kunde aber trotz aller Beteuerungen häufig nur eine Randfigur. Viele Unternehmen sind mit sich selbst und ihren Machtspielen beschäftigt. Die Unternehmen sind in Funktionsbereiche gegliedert, deren Macht mit der Größe der Organisation wächst. Das Management ist weit vom Kunden entfernt. Der Kampf um Aufstieg und Ressourcen, zum Beispiel um Budgets, verhindert, dass der Kunde im Mittelpunkt steht, und sorgt bei den Mitarbeitern für Demotivation – und übrigens auch dafür, dass Veränderungen gebremst werden.

In manchen Unternehmen heften sich Manager die Erfolge ihrer Mitarbeiter ans Revers und lassen sie im Zweifelsfall im Regen stehen. Leistung und Initiative werden nicht gern gesehen, Gehorsam und Jasager sind dagegen beliebt. Potenziale werden zugunsten des eigenen Machterhalts verschenkt. Das Management nutzt sein Herrschaftswissen zum Erhalt der eigenen Macht, ohne zu bemerken, dass es Herrschaftswissen in Zeiten des Internets nur noch in sehr eingeschränktem Maße gibt. Und in Zeiten zunehmenden Fachkräftemangels wird Sanktionsmacht keine Rolle mehr spielen. Es fehlen Transparenz und Schnelligkeit. Entscheidungen lassen häufig zu lange auf sich warten. Das verärgert Kunden und Mitarbeiter.

Vergangenheitsorientierte strategische Planung

Trotz neuer Möglichkeiten durch die Digitalisierung basiert die Planung vieler Unternehmen noch immer auf der Vergangenheit und ist darüber hinaus zu wenig flexibel. Sie konzentrieren sich auf die KPI (Key Performance Indicators), also Leistungskennzahlen, anhand derer der Erfolg oder die Leistung des Unternehmens gemessen wird. Das bekannteste Beispiel für einen KPI ist der Umsatz, es gibt aber unzählige andere KPI. Doch KPI blicken immer in die Vergangenheit. Zu dem Zeitpunkt, zu dem wir sie messen können, liegen alle Aktionen, die zu dieser Kennzahl geführt haben, bereits zurück, und wir können sie nicht mehr ändern. Wer in sich rasant verändernden Märkten auf Basis der Vergangenheit plant, stellt seine Zukunft auf schwache Beine.

Was gestern Gültigkeit hatte, hat heute nur noch eingeschränkte Gültigkeit und morgen gar keine mehr. Die Verfügbarkeit von Daten wird nur in geringem Umfang für die strategische Planung genutzt und der Kunde zu wenig einbezogen. Kundenwünsche bleiben auf der Strecke, weil sie möglicherweise nicht zur Zielerreichung von Management und Mitarbeitern passen. Ein klassisches Beispiel sind hier Versicherungsunternehmen, die mit einer Vertreterorganisation arbeiten. Die Vertreter sehen ihre Provisionen entschwinden, wenn die Kunden Verträge einfach und schnell online abschließen können, und werden sich querstellen.

Beschränkung auf eigene Ressourcen

Nur wenige Unternehmen haben tatsächlich verstanden, dass die Digitalisierung ihnen den Ausstieg aus der Mangelwirtschaft ermöglicht. Plattenfirmen konnten früher Geld nur mit den Schallplatten der Künstler erzielen, die bei ihnen unter Vertrag standen. Streamingdienste verfügen über ein nahezu unbegrenztes Angebot, und die Kunden lieben es. Im US-Musikmarkt hat das Streaming 2016 mehr als die Hälfte des Geschäfts ausgemacht, 51,4 Prozent der Erlöse. Mit dem Verkauf physischer Tonträger wie CDs, Blu-ray-Discs oder Schallplatten wurden gerade einmal 22 Prozent des Geschäfts gemacht.

Bei Apple veröffentlichen unzählige Entwickler ihre Apps, von denen die wenigstens bei Apple angestellt oder von Apple beauftragt sind. Viele Mittelständler machen alles selbst, was dazu führt, dass hohe finanzielle Mittel gebunden sind und sie sich nicht ausreichend auf ihr Kerngeschäft konzentrieren können. In der Angst, Know-how zu verlieren, werden Einspar- und Effizienzpotenziale verschenkt und Ressourcen nicht genutzt.

Ballast durch Besitz

Besitz macht langsam, wenn es um Veränderung geht. Wer große Produktionshallen und Lager besitzt, Tausende von Mitarbeitern fest angestellt hat und viele Maschinen sein Eigen nennt, kann sich davon nicht mir nichts, dir nichts trennen, wenn er etwas anderes machen will oder wenn es schlecht läuft. Je mehr Besitz jemand hat, desto aufwendiger wird eine tiefgreifende Veränderung. FlixBus zum Beispiel besitzt die Busse nicht, in denen die Passagiere transportiert werden. Sie gehören rund 250 Partnerunternehmen, bei denen auch die Fahrer angestellt sind. Thermondo baut seine Heizungen nicht selbst, sondern kauft sie bei unterschiedlichen Herstellern.

Risikointoleranz

Beschränkte Ressourcen und viel Besitz führen dazu, dass Unternehmen weniger Risiken eingehen – in jeder Hinsicht. Hinter der Risikoaversion der Entscheider steckt Psychologie. Den Homo oeconomicus gibt es nämlich nicht. Wir alle gewichten normalerweise Risiken viel höher als Chancen. Und wir halten gerne an einmal getroffenen Entscheidungen fest, notfalls reden wir sie uns schön. Wirtschaftsnobelpreisträger Daniel Kahneman und sein Kollege Amon Tversky haben das menschliche Risikoverhalten untersucht, indem sie Versuchspersonen in fiktiven Lotteriespielen Entscheidungen treffen ließen. In ihrer „Erwartungstheorie" (Prospect Theory) zeigten sie, dass sich die Mehrheit der Probanden im Zweifelsfall für einen geringen Gewinn entschied, um einen Verlust zu vermeiden.

Wenn es allerdings um die Entscheidung zwischen einem kleinen, einem größeren Verlust und gar keinem Gewinn ging, nahmen die meisten den größeren Verlust in Kauf. Vereinfacht dargestellt bedeutet das, dass wir risikofreudiger sind, wenn es um die Wahl zwischen Verlusten geht, wenn wir sowieso nur verlieren können. Jetzt stellen Sie sich einen Manager in einem (noch) erfolgreichen Unternehmen vor: Wenn er weitermacht wie bisher, kann er mit Sicherheit einen Gewinn vorweisen. Dabei spielt es keine Rolle, ob der Gewinn klein oder groß ist. Für einen Gewinn muss er sich nicht rechtfertigen. Geht er aber neue Wege und macht einen Verlust oder setzt die Sache komplett in den Sand, muss er sich rechtfertigen. Da ist es doch besser, die kleine Chance zu ergreifen.

Wenn die Entwicklung eines neuen Produkts Millionen kostet, muss es vom Markt angenommen werden – wenn es nicht anders geht, durch aufwendige Marketingkampagnen. Das treibt zwar die Kosten hoch, aber ein kleiner Gewinn wird schon überbleiben. Deshalb bleibt der große Wurf oft aus, und es geht nur um die Verbesserung bestehender Produkte. Letztlich macht die Risikointoleranz den Unterschied zwischen erneuernder und disruptiver Innovation aus.

Unflexible Prozesse

In den meisten Unternehmen sind Prozesse genau vorgeschrieben und müssen eingehalten werden. Das mag zu exzellenten Qualitätsstandards und hoher Effizienz führen, aber zieht auch jede Menge Bürokratie nach sich. Genau definierte Prozesse und Abläufe wurden in Zeiten der Massenproduktion entwickelt, sind aber heute eher eine Belastung. Sie lassen sich neuen Erfordernissen nur schwer anpassen. Dabei spreche ich nicht nur von Produktionsprozessen, sondern von allen Prozessen im Unternehmen. Ein Beispiel sind Entscheidungsprozesse, die in vielen Unternehmen so viele Stationen durchlaufen müssen, dass der Kunde längst verärgert ist, wenn endlich eine Entscheidung getroffen wurde, oder dass die Mitarbeiter „Nebenprozesse" etablieren, damit es schneller geht.

5.2 Exponentielle Organisationen sind anders

Die Unternehmen der Zukunft sind exponentielle Organisationen, ExO. Sie alle haben als digitale Startups begonnen. Die meisten von ihnen kommen – wie könnte es anders sein – aus den USA, vorzugsweise aus Kalifornien. Salim Ismail definiert exponentielle Organisationen als Unternehmen, die im Durchschnitt zehnmal schneller wachsen und dafür viel weniger Ressourcen benötigen als herkömmliche Unternehmen. Bei den ExO, die uns auf Anhieb einfallen, handelt es sich um die üblichen Verdächtigen: Google, Airbnb, Uber, Tumblr, Pinterest etc. Das erste europäische Unternehmen, das als ExO gilt, BlaBlaCar aus Frankreich, kommt auf Platz 17 der Top-100-ExO. SoundCloud aus Berlin landet auf Platz 39. Das zeigt, dass man sich in Deutschland etwas schwertut, exponentielle Organisationen zu finden, aber es gibt sie – auf jeden Fall wachsen viele junge Unternehmen, die auf digitale Prozesse setzen, auch hierzulande viel schneller als etablierte Unternehmen. Deloitte prämiert mit den „Technology Fast 50 Awards" die am schnellsten wachsenden Technologieunternehmen in Deutschland. Gemessen werden die Unternehmen am durchschnittlichen prozentualen Umsatzwachstum der letzten vier Geschäftsjahre.

2016 fanden sich auf den ersten Plätzen Nordwest Box, Qoniac und OnPage.org, der Sieger Nordwest Box mit sagenhaften 6.548,42 Prozent. Auch FlixBus und Thermondo können als ExO gelten.

Es gibt viele Einwände gegen exponentielle Organisationen. Kritiker sehen es zum Beispiel eher negativ, dass ExO auf die Ressourcen anderer zurückgreifen oder mit vielen freien Mitarbeitern arbeiten.Befassen wir uns noch einmal mit FlixBus: Die Frage ist doch nicht, ob das Unternehmen die Busunternehmen ausnutzt, sondern weshalb die Unternehmen mit FlixBus zusammenarbeiten. Das würden sie nicht tun, wenn sie dadurch keinen Vorteil hätten. In diesem Fall ganz klar: Die Busunternehmen erzielen mehr Geschäft.

Ohne die digitale Plattform hätten sie weder so viele Kunden noch eine Auslastungsgarantie, die ihnen FlixBus gibt. Außerdem kann man die ExO nicht über einen Kamm scheren. Manche setzen auf fest angestellte Mitarbeiter, zum Beispiel Thermondo. Darüber hinaus ändern sich die Dinge mit wachsender Größe oder verändertem Geschäftsmodell, siehe Amazon. Der Versandhändler betreibt mittlerweile eigene Lager und verkauft eigene Filmserien.

Die wichtigste Gemeinsamkeit von ExO: Die Entscheidungen der ExO, was sie tun oder nicht tun, wird durch nichts und niemand anders getrieben als durch den Kunden. Startups nennen das „Kundenbesessenheit".

Wo steht der Kunde?

Im Organigramm hierarchischer Organisationen kommt der Kunde nicht vor, nur höchst selten gibt es einen Chief Customer Officer. Das Organigramm der ExO sieht anders aus. Im Grunde genommen bildet es das Netzwerk ab, mit dem die Organisation agiert, mit dem Kunden im Mittelpunkt, dem Unternehmen am nächsten. Die neue Organisationsform wird eher einer Bienenwabe, einem Baum oder einem Kreis mit mehreren Ringen gleichen, auf jeden Fall etwas mit einer möglichst großen Oberfläche zum Kunden. Nehmen wir den Kreis als Beispiel. In der Mitte findet sich der Massive Transformative Purpose, die Vision, das Warum, der Grund, weshalb es das Unternehmen gibt. Im nächsten Ring finden sich die Kunden, Anwender, Nutzer, wie immer Sie sie nennen. Sie werden umschlossen von sich selbst organisierenden Mitarbeiterteams, die durch Führungskräfte unterstützt und gefördert werden. Im äußersten Ring befinden sich Partner, Lieferanten, Freiberufler, Institute und Wissenschaftler; alle, die das Unternehmen dabei unterstützen, seine Leistung anzubieten. Egal wie Sie das Organigramm der Zukunft sehen – dem Kunden muss die entscheidende Rolle zukommen. Je weiter er vom Unternehmen, besser von den Mitarbeitern, entfernt ist, desto unzuverlässiger wird die Organisation im Erkennen seiner tatsächlichen Wünsche.

Kennzeichen exponentieller Organisationen

Salim Ismail und seine Mitautoren haben zehn Prinzipien entdeckt, nach denen exponentielle Organisationen arbeiten und an denen man überprüfen kann, wo das eigene Unternehmen steht. Kaum eine ExO verfügt über alle zehn Kennzeichen, aber stets über einige davon. Ismail nennt sie „Scale Ideas":

S – Staff on Demand (Mitarbeiter nach Bedarf)
C – Community und Crowd
A – Algorithmen
L – Leveraged Assets (Zugang statt Besitz)
E – Engagement (Kundenbindung)
I – Interfaces (Schnittstellen)
D – Dashboards (Kennzahlensysteme, Cockpits)
E – Experimentation (Experimentierfreude)
A – Autonomy (sich selbst organisierende, fachübergreifende Teams)
S – Social Technologies (Arbeit mit Wikis, Apps, Chats, Webkonferenzen etc.)

Diese zehn Punkte erklären, weshalb ExO besser, schneller und flexibler sind als etablierte Unternehmen, wobei IDEAS eher das beschreibt, was im Unternehmen passiert, also die Kultur der ExO. Ismail schreibt: „Die Kultur – zusammen mit dem MTP und sozialen Technologien – ist der Klebstoff, der ein Team während der Quantensprünge in der Wachstumsphase zusammenhält."

Mehr zum Thema ⟋ *startup-code.de/exo*

Die Umwandlung Ihres Unternehmens in eine zukunftsfähige Organisation ist in erster Linie ein Kulturprojekt, kein Technologieprojekt, oder um es mit Peter Drucker zu sagen:

»Culture eats strategy for breakfast.«

Kultur ist etwas nur schwer Greifbares, und man kann sich eine Kultur nicht ausdenken und verordnen. Eine Unternehmenskultur wächst. Unternehmensberaterin Jill Schmelcher, Gesellschafterin und Beiratsvorsitzende von Weissman & Cie., einer der führenden Unternehmensberatungen für Familienunternehmen, erklärt Unternehmenskultur als „die Summe aller Selbstverständlichkeiten im Unternehmen". Bei ExO und Startups gleichermaßen ist es ein Kulturmerkmal, dass digitale Technologie und Daten selbstverständlich genutzt werden, um optimale Ergebnisse für den Kunden zu erzielen. Die Führung hat die Aufgabe, die notwendige Hard- und Software bereitzustellen, für Information und Transparenz zu sorgen, damit die Mitarbeiter ihre Aufgaben erfüllen können, ihre Ziele kennen, erreichen und so zum Unternehmenserfolg beitragen.

ExO schwören auf OKR

OKR steht für „Objective and Key Results". Beim Suchmaschinenriesen Google ist das OKR-Prinzip schon seit 1999 tief im Unternehmen verwurzelt. Das Prinzip basiert auf ehrgeizigen Zielen aller Mitarbeiter, die im Übrigen für jeden anderen transparent und einsehbar sind – bei Google sogar die Ziele der Firmenchefs. OKR hilft, die Komplexität schnell wachsender Organisationen im Griff zu behalten, kann aber im Prinzip von jeder Organisation genutzt werden. Viele tun das bereits wie LinkedIn, Twitter, Bayer und DHL. Die passende Software dafür gibt es mittlerweile auch, zum Beispiel von BetterWorks oder dem Berliner Anbieter Perdoo. Perdoo-Chef Henrik-Jan van der Pol ist überzeugt, dass die Mitarbeiter Transparenz begrüßen: „Sie wollen wissen, warum ihre Arbeit wichtig ist und wie sie in die Gesamtstrategie des Unternehmens passt."

Wie funktioniert OKR?

Jedem Ziel werden messbare Schlüsselergebnisse zugeordnet. In regelmäßigen Abständen werden die Erfolge gemessen und neue OKR definiert. Unternehmens-OKR beschreiben das große Bild. Persönliche OKR legen die Tätigkeiten und Ziele des einzelnen Bereichs, Teams und

Mitarbeiters fest. OKR sollten übrigens nicht als Basis für Boni oder Beförderungen dienen. Schlechte OKR sollten nicht sanktioniert werden.

Die mymuesli-Gründer beschreiben in ihrem Blog, weshalb und wie sie OKR nutzen. Jedes Quartal legen die drei Gründer und geschäftsführenden Gesellschafter fünf Ziele (Objectives) fest. Jedem werden vier Key Results, also angestrebte Ergebnisse, zugeordnet. Auf diesen aufbauend werden die Ziele auf alle Abteilungen und Bereiche heruntergebrochen. Die Zahl der Ziele wird bewusst begrenzt.

Die OKR versucht man zu mindestens 75 Prozent zu erreichen. Schafft man viel mehr, hat man vermutlich nicht ambitioniert geplant; schafft man weniger, wurden vielleicht die falschen Ziele gesetzt oder man hat nicht richtig priorisiert. Jedes Teammitglied benotet sich am Ende des Quartals selbst. Bei mymuesli gibt es einen OKR-Ordner auf Google Drive, in dem für jede Abteilung und für jeden Mitarbeiter die OKR liegen und den alle einsehen können. Weshalb bei mymuesli OKR genutzt wird, beschreiben die Gründer so: „OKR ist ein gutes System: Es ist einfach zu verstehen, hilft bei der Priorisierung und braucht keine komplizierte technische Infrastruktur, um von allen genutzt werden zu können."

Mehr zum Thema ⤢ *startup-code.de/okr*

Die Organisation als Planetensystem
Ein etabliertes Unternehmen kann nicht von heute auf morgen zu einer exponentiellen Organisation werden und auch nicht zu einem (digitalen) Startup. Die Kulturveränderung dauert zu lange. Den Weg beginnen kann man, indem man eine Organisation nach dem Vorbild eines Planetensystems schafft.

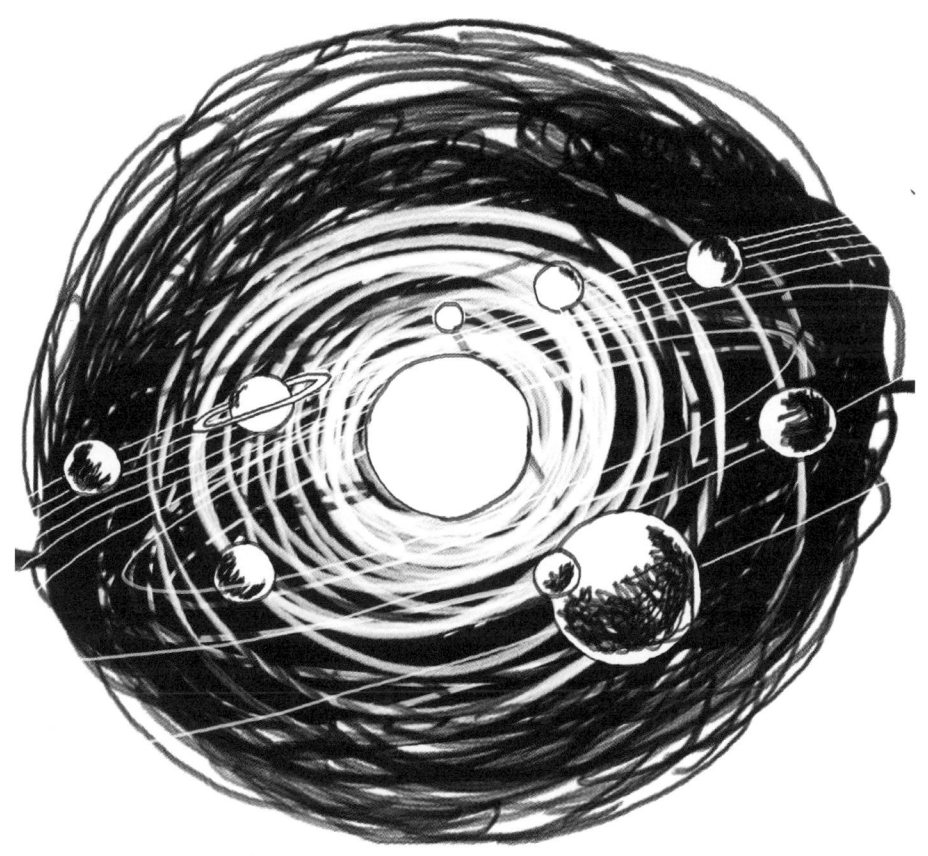

Man bildet kleine Einheiten, die sich mit der Digitalisierung und neuen Geschäftsmodellen befassen – außerhalb des Unternehmens. In kleinen Teams oder Ausgründungen kann man mehr Freiraum und Kreativität als in der großen Organisation ermöglichen. Die Veränderungen, die dort stattfinden, bringen die gesamte Organisation zum Nachdenken und in den Diskurs. Nicht jede neue Idee wird gleich zu Anfang ausgereift und erfolgreich sein und zum Unternehmen passen. Aber das ist auch gar nicht notwendig. „Digitale Einheiten sollen keine perfekten Produkte, sondern Prototypen mit radikaler Nutzerzentrierung entwickeln, die direkt am Markt innerhalb weniger Wochen getestet werden können. Ein Turbo-Innovationsprozess im Kleinen sozusagen.

Nur das, was beim Kunden funktioniert, wird dann tatsächlich bis zur Perfektion weiterentwickelt und auf die Kernorganisation übertragen", sagt etventure-Gründer Depiereux. Wichtig ist, dass die kleinen digitalen Zellen in einem geschützten Raum operieren, und zwar möglichst nicht im Unternehmen, sondern außerhalb, zum Beispiel in einem Co-Working Space oder gleich in einer anderen Stadt.

Die Digitaleinheit von Putzmeister zum Beispiel, dessen Stammsitz in Aichtal liegt, zog nach Stuttgart, denn, so der damals verantwortliche Geschäftsführer Gerald Karch, „Wände sind kein Schutz für den geschützten Raum". Die in Stuttgart neu entwickelten und bereits erfolgreichen digitalen Geschäftsmodelle werden anschließend wieder zurück in die Kernorganisation gebracht. Wenn die Mitarbeiter in der Kernorganisation reale Ergebnisse sehen, wird die Transformation einfacher. Botschafter aus der Digitaleinheit, intensive Schulungsprogramme und Ideenworkshops sind geeignete Mittel, damit sich die Kultur Schritt für Schritt ändern kann.

Tipp: Sollten Sie in Ihrem Unternehmen gerade eine Digitaleinheit aufbauen oder in einer anderen Form eine Gruppe/Projektgruppe schaffen, die sich damit befassen soll, ein digitales Geschäftsmodell zu entwickeln, statten Sie sie nicht mit zu hohen finanziellen Ressourcen aus, aber überlassen Sie der Gruppe die Budgethoheit. Begrenzte Mittel führen allemal dazu, sich nach anderen Möglichkeiten und Ressourcen umzuschauen – und die sind nahezu unbegrenzt. Co-Working Spaces sind eine gute Möglichkeit zu lernen, wie Netzwerken so funktioniert, dass dabei auch etwas herauskommt.

Die SMS Group ist im Maschinen- und Anlagenbau zuhause. Binnen eines Jahres wurde zusammen mit dem Team von etventure eine eigenständige Digitaleinheit innerhalb der Gruppe etabliert, die „SMS digital". Und so wurde vorgegangen:

- Identifizierung von Fokusthemen
- Analyse der Kunden-„Pain Points" durch direkte Kundeninterviews und Ideation in Deutschland, den Niederlanden und Taiwan
- erste Live-Tests mit Scribbles und Click Dummies
- umfassende Validierungsgespräche
- Entwicklung eines Prototyps von drei Produkten für einen Test auf der Messe „Tube & Wire" in Düsseldorf
- Aufbau und Konzeption der Digitaleinheit
- Setup der „SMS digital" in Düsseldorf für den erfolgreichen Aufbau innovativer Geschäftsideen bei der SMS Group
- Entwicklung und Start von „mySMS Plattform" (Industry 4.0 Ready)
- Entwicklung von fünf Minimum Viable Products und Markteintritt

Die Digitaleinheit arbeitet nach der Lean-Startup-Methode und konzentriert sich in der Produktentwicklung auf den Kunden, bringt schnell verkaufbare, aber nicht perfekte Produkte auf den Markt und evaluiert und verbessert auf Basis des Kundenfeedbacks nach dem Prinzip Build – Measure – Learn.

Nils-Christoph Ebsen, Geschäftsführer der W&W Digital GmbH, hat sich mit den Möglichkeiten interner und externer Digitaleinheiten befasst. Die Innovationskraft interner Digitaleinheiten sieht er durch die Nähe zur Kernorganisation auf natürliche Weise beschränkt. Außerdem zeigen zahlreiche Beispiele, dass eine Neudefinition von Produkten und Märkten im digitalen Zeitalter in der Regel nicht aus der jeweiligen Branche heraus erfolgt, wie Uber, Tesla, Amazon, Zalando, EyeEm und andere zeigen. Der externen Digitaleinheit gibt Ebsen größere Chancen.

Die Schwierigkeit sieht er hier vor allem darin, die unterschiedlichen Wünsche von Entrepreneuren, Investoren und dem Unternehmen, das er in der Rolle des Strategen sieht, in Einklang zu bringen. Soll die Einheit erfolgreich sein, müsse der Stratege seine Interessen hinter denen von Entrepreneuren und Investoren zurückstellen, zumindest wenn er die finanzielle Seite nicht selbst beziehungsweise alleine stemmen möchte.

Beim Kunden bleiben

Die größte Herausforderung wird es sein, das Unternehmen kompromisslos am Kunden und seinen Bedürfnissen auszurichten. Je größer eine Organisation ist, desto mehr entfernt sie sich vom Kunden, vor allem die Führung. Führen Sie sich das Wachstum eines Unternehmens vor Augen. Anfangs stehen die Gründer in direktem Kontakt mit dem Kunden, weil sie sich um alles selbst kümmern. Hat das Unternehmen Erfolg, fällt ihnen das zunehmend schwer. Es wird zwangsläufig professionalisiert. Eine zweite Führungsebene wird eingezogen, Funktionsbereiche werden gebildet, Prozesse definiert.

Wächst das Unternehmen weiter, wird womöglich eine dritte Führungsebene eingezogen. Die Unternehmensführung verliert den Kunden immer weiter aus dem Auge, denn sie ist mit anderen Aufgaben befasst. Sie muss die Gesamtorganisation steuern. Letztlich führen Erfolg und Wachstum dazu, dass der Kunde an den Rand gedrängt wird. Er soll das kaufen, was die Organisation aus sich heraus entwickelt. Doch das funktioniert heute nicht mehr, weil es sich der Kunde nicht mehr gefallen lässt und weil sich die Märkte zu schnell entwickeln. Das Organigramm, das Unternehmen jahrzehntelang gezeichnet haben, funktioniert nicht mehr.

Das neue Organigramm

Im Organigramm bestehender Organisationen steht an der Spitze der Unternehmer oder Geschäftsführer, darunter die Bereichsleiter für Personal, IT, Vertrieb, Marketing, Einkauf usw. Unter dieser zweiten Ebene stehen je nach Unternehmensgröße Abteilungsleiter oder gleich Gruppenleiter. In manchen Organisation geht die Hierarchie so weit, dass manche Gruppen aus nur zwei Mitarbeitern bestehen. Dieses Organigramm wird künftig auf den Kopf gestellt, und manche Hierarchieebene wird abgeschafft. Künftig werden die Mitarbeiter in Teams organisiert oben stehen, die Geschäftsführung wird ebenso wie IT, Personal und Buchhaltung/Controlling zum Dienstleister für die eigenverantwortlich arbeitenden Teams werden.

Eine Alternative könnte eine Planetenorganisation sein. Im Zentrum sollten die Gründer beziehungsweise die Geschäftsführung stehen, die dafür sorgen, dass die kleinen, weitgehend autonomen Teams, die sich um sie herum gruppieren, alles wissen und haben, was sie brauchen, um im Sinne des Unternehmens erfolgreich zu sein. Diese Teams arbeiten mit Lean-Startup-Methoden (siehe Kapitel 6) und stehen in engstem Kontakt mit den Kunden. Durch ihre Arbeitsweise (build – measure – learn) erhalten sie ständiges Feedback vom Kunden, der auf diese Weise ins Zentrum jedes Teams rückt. Gehen Sie auch hier Schritt für Schritt vor! Betrachten Sie Ihre erste Digitaleinheit als autonomen Planeten in Ihrem Planetensystem.

Unterstützen Sie Ideen, die aus dem Unternehmen kommen, schulen Sie die Mitarbeiter in anderen Denk- und Arbeitsweisen, und ermöglichen Sie so das Wachsen einer Gründermentalität im Unternehmen. Wenn Mitarbeiter sehen, wie die Transformation funktioniert, erleben, wie sich Freiräume anfühlen, öffnen sie sich für die Veränderung.

5.3 Welche Mitarbeiter brauchen Unternehmen in Zukunft?

»In Zukunft brauchen Unternehmen Menschen, die den Wandel begrüßen, und keine Menschen mit Bewahrermentalität.«

Philipp Depiereux, Gründer und Geschäftsführer von etventure

Mit diesem Statement sind wir schon beim Kern des Problems, das sich Unternehmen auf der Mitarbeiterseite stellt, aber auch auf Unternehmensseite. Der Mitarbeiter, der Dienst nach Vorschrift schiebt und ansonsten sein Gehalt einstreicht, ist künftig ebenso wenig gefragt wie derjenige, der nur auf seinen eigenen Vorteil bedacht ist. Doch alle entlassen ist keine Option. Umgekehrt werden sich die Mitarbeiter nicht verändern, wenn die Organisation die gleiche bleibt, und neue wird man so auch nicht gewinnen. Also ist ein Prozess gefragt, in dem sich beide verändern – Mitarbeiter und Organisation. Und wie könnte es anders sein: Diese Veränderung muss von der Führung ausgehen, unterstützt und getrieben werden.

Sind Sie dazu bereit?
Sind Sie bereit,

- Verantwortung abzugeben,
- Hierarchien abzubauen,
- Selbstständigkeit und Freiräume zuzulassen,
- Querdenkern Raum zu geben,
- Neues auszuprobieren,
- mit Ihren Mitarbeitern in den Diskurs zu treten,
- die Kommunikation zu verändern,
- Fehler zu akzeptieren,
- Vorschriften und Bürokratie abzubauen,
- Arbeitsbedingungen und -umgebung neuen Arbeitsformen

- anzupassen,
- Weiterbildung ernst zu nehmen,
- selbst dazuzulernen,
- sich nach außen zu öffnen?

Und vor allem: **Sind Sie bereit, sich dafür Zeit zu nehmen?**

Entrepreneure statt Mitarbeiter

Ja, und dann ist da die alles entscheidende Frage: Wie sieht der Mitarbeiter der Zukunft aus? Gibt es den idealen Mitarbeiter für die digitale Zukunft? „Nein, den gibt es sicherlich nicht", sagt Mathias Weigert, Geschäftsführer der Unternehmer-Schmiede, ein Tochterunternehmen der Personal- und Managementberatung Kienbaum. „Ich glaube, es geht vielmehr um Unterschiedlichkeit und Vielfalt. Es geht darum, sich mit neuen Dingen zu befassen, neue Möglichkeiten zu entdecken und zu nutzen, herauszufinden, welche Methoden nützlich sind oder ob es bessere gibt. Das bezieht sich keineswegs nur auf Menschen, die im Büro arbeiten. Die Digitalisierung hat längst in der Produktion Einzug gehalten, zum Beispiel über neuartige Roboter, die mit dem Menschen zusammenarbeiten."

Thomas Burger, geschäftsführender Gesellschafter der SBS-Feintechnik GmbH & Co. KG, betrachtet seine Mitarbeiter schon seit Jahren als „Mitdenkerinnen und Mitdenker". Mitdenken sei nötig, um in allen Aufgaben innovativ zu sein, offen für andere Denkweisen und Ideen. Dafür gebe man den Mitdenkerinnen und Mitdenkern nicht nur Freiräume, sondern auch die Möglichkeit, sich stetig weiterzuentwickeln. Weigert geht noch einen Schritt weiter: Man brauche „Digitalunternehmer", sagt er. „Die Digitalisierung sorgt für Verunsicherung bei den Mitarbeitern.

Umso wichtiger sind Führungskräfte mit Digitalkompetenz und unternehmerischem Mindset, die den digitalen Wandel im Unternehmen vorantreiben und in der Lage sind, auch andere Mitarbeiter zu begeistern und für die notwendigen Veränderungen zu sensibilisieren. Die Unternehmer-Schmiede identifiziert, entwickelt und vernetzt Digital-

unternehmer für die Digitalisierung von Konzernen und Mittelständlern."
Dabei setzt man nicht nur auf externe, sondern auch auf interne Kräfte.
Es gibt in jedem Unternehmen versteckte digitale Talente, Mitarbeiter,
die zum Beispiel Erfahrung im Gaming-Bereich haben oder privat
Webmaster beim Fußballverein oder beim Chor sind.

Diese Talente zu identifizieren und mit externer Kompetenz zu koppeln
wird künftig die Aufgabe von Human Resources sein. Diese gemisch-
ten Einheiten werden digitale Geschäftsmodelle entwickeln – kunden-
zentriert und möglichst auf Basis von Plattformtechnologie.

Auch das Gros der Mitarbeiter darf man keinesfalls unterschätzen. Je
weiter die Mitarbeiter von der digitalen Welt entfernt sind, also zum
Beispiel über keinen PC am Arbeitsplatz verfügen, desto größer ist in der
Regel ihre Angst vor der Veränderung, doch diese Angst kann und
muss man ihnen nehmen. Personaler müssen ein ganzheitliches Verständnis der Mitarbeiter entwickeln, sich beispielsweise fragen, wie
der Mitarbeiter außerhalb des Unternehmens lebt: Nutzt er privat E-Mail,
Cloud- oder Streamingdienste, verständigt er sich zum Beispiel über
WhatsApp, oder mag er Computerspiele? Diese digitale Kompetenz, die
er im privaten Bereich ganz selbstverständlich nutzt, muss man ihm
bewusst machen. Das erleichtert ihm den Zugang zu den Veränderungen im Arbeitsleben und verbessert sein Verständnis dafür.

Was ist ein Digitalunternehmer?

*„Digitalunternehmer sind Personen, die vor allem unternehmerisch denken
und handeln. Sie müssen einerseits traditionelle Firmen und deren Geschäft
verstehen, andererseits die Startup-Kultur leben, also sehr nutzerzentriert
denken, digitale Instrumente beherrschen, datenbasierte Entscheidungen
treffen, Veränderungen kontinuierlich treiben und agile Führungs- und
Kommunikationswege nutzen. Die Unternehmen erwarten von ihnen, dass
sie neues Geschäft entwickeln oder ihr Geschäftsmodell angreifen. Dafür
kann man keine angepassten Persönlichkeiten brauchen."*

Mathias Weigert, Geschäftsführer Unternehmer-Schmiede

Zwei Welten verbinden

Wenn Sie Ihr Unternehmen umbauen, sollten Sie sich bewusst sein, dass es anfangs ein Unternehmen der zwei Geschwindigkeiten und zwei Welten geben wird: auf der einen Seite das aktuelle Geschäftsmodell mit seinen Prozessen und Abläufen und auf der anderen Seite die schon weiterentwickelten Digitaleinheiten, die flexibler und schneller mit Methoden der Startup-Welt arbeiten. Sie können zunächst nicht in das laufende Geschäft integriert werden, sondern suchen losgelöst von der Organisation nach neuen digitalen Geschäftsmodellen und entwickeln Leuchtturmprojekte.

Allerdings müssen die Personen in der Digitaleinheit wissen, wie das Kerngeschäft funktioniert. Es reicht nicht aus, Digitalexperte zu sein. Man kann kein digitales Geschäft entwickeln, wenn man nicht weiß, wie das Kerngeschäft, die Branche funktioniert. Selbst wenn man in bestimmten Prozessen digitale Projekte aufsetzt, brauchen externe und interne Mitarbeiter Coaching, denn auch hier ist Digitalkompetenz alleine nicht ausreichend. Während sich der interne Mitarbeiter vor allem digitale Kompetenzen und neue Methoden aneignen muss, geht es für den externen Mitarbeiter darum, die Abläufe und Regeln im Unternehmen zu verstehen. Wenn er sich nicht damit auseinandersetzt, wird er scheitern. Ist er damit vertraut, kann er Veränderungen besser durchsetzen und andere überzeugen, weil er versteht, womit er es zu tun hat.

5.4 Unternehmenskultur im Change

Auch auf die Gefahr, mich zu wiederholen: Die digitale Transformation ist kein Technologieprojekt, sondern ein Veränderungsprojekt. Es geht darum, schneller und agiler zu werden, um mit den veränderten Marktbedingungen und Kundenwünschen Schritt zu halten. Dafür ist letztlich eine Kulturveränderung notwendig, die Veränderung begrüßt. Doch Unternehmenskultur kann von oben nur sehr bedingt verändert werden, denn jegliche Art von Kultur ist etwas Gewachsenes, Arbeitsweisen und Umgangsformen, die sich im Laufe der Jahre herausgebildet haben.

Die Kultur wird jedoch wesentlich von den Führungskräften beeinflusst, denn zum einen setzen sie die Rahmenbedingungen, zum anderen orientieren sich die Mitarbeiter an ihnen. Führungskräfte sind die Vorbilder, die VIPs, die ganz genau beobachtet werden. Das bedeutet in der Konsequenz: Eine große, tiefgehende Veränderung im Unternehmen wird nur stattfinden, wenn die Führungskräfte als Beispiel vorangehen und die grundlegenden Veränderungen wie neue Arbeitsweisen, neue Arbeitsumgebungen und neue Methoden anstoßen und vorleben. Häufig sollen sich zwar die Mitarbeiter ändern, aber nicht die Führung. Das funktioniert nicht.

Die Führungskräfte haben mit ihrem Verhalten und ihrer Kommunikation einen entscheidenden Einfluss darauf, wie die gewollten Veränderungen bei den Mitarbeitern ankommen und ob sie von den Mitarbeitern umgesetzt werden. Immerhin 80 Prozent aller Change-Projekte scheitern an der Umsetzung. Deshalb sollte im Vordergrund der Veränderung zunächst einmal die Klärung der verschiedenen Bedürfnisse stehen und die Frage, wie die Veränderung für alle verkraftbar und attraktiv gemacht werden kann. Mit Sozialromantik hat das nichts zu tun, denn ob die Mitarbeiter mitziehen oder nicht, hat direkte Auswirkungen auf den Unternehmenserfolg.

Die Erfahrung zeigt, dass es für den Erfolg der Transformation entscheidend ist, die Notwendigkeit und den Sinn von Veränderung zu erklären. Häufig entscheidet die Führungsebene, was getan werden muss, und kommuniziert das auch den Mitarbeitern. Allerdings bleibt der Grund der Veränderung für die Mitarbeiter oft im Dunkeln. Offensichtlich täuschen sich die Führungskräfte über die Notwendigkeit, ihre Beweggründe zu erklären. Das rächt sich bei der Umsetzung. Den Mitarbeitern muss die Veränderung nicht gefallen, aber sie sollten sie unbedingt verstehen, denn nur dann werden sie sie mittragen.

Die Auswirkungen auf sich selbst und ihre Arbeit sowie ihre Position im Unternehmen spielen für das Gros der Mitarbeiter die größte Rolle.

Sie möchten wissen, welche Auswirkungen die Veränderung darauf haben wird und welches Verhalten von ihnen erwartet wird. Es ist Aufgabe der Führungskräfte, den Change-Prozess entsprechend zu gestalten. Verabschieden Sie sich am besten von Sätzen wie „die Menschen abholen". Das ist Quatsch.

Die Mitarbeiter müssen Notwendigkeit und Sinn der Veränderung verstehen und sie umsetzen. Sie müssen die Ängste und Fragen der Mitarbeiter zwar unbedingt ernst nehmen, aber Sie sollten sie auch nicht belügen. Die Mitarbeiter sollten wissen, dass die Veränderung gesetzt ist, nicht mehr aufzuhalten, dass es bestimmte Details gibt, die ebenfalls schon entschieden sind, und andere Entscheidungen, die noch offen sind und an denen sie mitwirken können. Ihre Mitarbeiter empfinden es als respektlos, wenn sie über Dinge diskutieren sollen, die längst entschieden sind und an denen es nichts mehr zu rütteln gibt.

Die Aussitzer

In jedem Unternehmen gibt es Mitarbeiter, die Veränderungen aussitzen. Sie betreiben sozusagen passive Verweigerung. Wie Mitarbeiter auf Veränderung reagieren, hängt mit ihrer Erfahrung mit Veränderung zusammen. Wenn der Chef jedes Mal, nachdem er ein Seminar besucht hat, das große Change-Projekt lostritt und es dann aber nicht bis zum Ende weiterverfolgt, werden die Mitarbeiter jedes neue Projekt aussitzen, denn sie wissen: „Der war mal wieder auf einem Seminar, das hält nicht lange an." Das Verhalten der Mitarbeiter ist normalerweise eine direkte Folge des Führungsverhaltens. Verschwenden Sie Ihre Zeit nicht damit, darüber nachzudenken, weshalb sich die Mitarbeiter so oder so verhalten, sondern stellen Sie sich die Frage: „Welche Erfahrungen müssen meine Mitarbeiter machen, damit sie sich künftig anders verhalten?"

Bei der Führung beginnen

Langer Rede kurzer Sinn: Beginnen Sie die Veränderung bei der Führungs-kultur und der Kommunikation. Die Mitarbeiter müssen erfahren und erleben, dass es Ihnen mit der Veränderung ernst ist. Transparenz ist hier wohl eines der wichtigsten Stichwörter. Wie sollen die Mitar-beiter Notwendigkeit und Sinn der Veränderung verstehen, wenn sie eigentlich nicht wissen, worum es geht. „Der Laden brummt doch, was soll das Theater?", werden sich die meisten fragen. Beantworten Sie diese Frage, und erklären Sie auch möglichst konkret, was Sie er-warten. Es nützt nichts, wenn Sie plötzlich Kreativität und Eigeninitiative einfordern, solange es keine Möglichkeiten dafür gibt und niemand weiß, was damit gemeint ist und wie das eigentlich geht. Die Mitarbeiter sollen Verantwortung übernehmen? Wie denn, wenn sie bei jeder noch so kleinen Entscheidung den Vorgesetzten fragen müssen und der wiederum seinen Vorgesetzten? Und wofür sollen sie die Verantwor-tung übernehmen?

Also fangen Sie bei der Führung an. Legen Sie erst einmal Ihr Verände-rungsziel fest, wie Sie den Weg dahin gehen wollen und welche Maß-nahmen geeignet sind. Meistens werden sich dann viele Baustellen auftun. Etappenziele helfen dabei, dass das Ganze nicht aus dem Ruder läuft und einer Linie folgt. Bevor Sie starten, sollte die Führungs-mannschaft sich einig sein. Und ich spreche bewusst von Mannschaft, denn einer allein wird nur wenig ausrichten können und lebt ein schlech-tes Beispiel. Die nächste Aufgabe wird es sein, die Führungskräfte zu schulen, denn man kann nicht davon ausgehen, dass Führungskräfte, die aus einer traditionellen Organisation kommen, über Nacht vom Manager zum Enabler und Coach ihrer Mitarbeiter werden. Dabei sollte es sowohl um Führungskompetenz als auch um neue Methoden und Arbeitsweisen gehen. Holen Sie sich dafür externe Unterstützung.

Führungsmodell der Zukunft

Ich bin überzeugt, dass weder die klassischen Managementmodelle noch das klassische Arbeitgeber-Arbeitnehmer-Verhältnis in Zukunft funktionieren werden. Auch die üblichen Karrierepfade wird es nicht mehr geben. Wir müssen damit aufhören, in Führung-Untergebenen-Strukturen zu denken, sondern in Modellen der Mitverantwortung und der Miteigentümerschaft. Mitarbeiter sollten als Partner und nicht als Ressource betrachtet werden. Bisher hatte die Führung die Aufgabe, Arbeitsprozesse zu organisieren und den Faktor Mensch optimal einzusetzen. Künftig wird es bei der Führung von Projektteams jedoch um die emotionale Führung gehen.

Die Führung wird Ziele vorgeben und das Team dazu befähigen, sie zu erreichen. Die Führungskraft steht nicht mehr an der Spitze, sondern unten (siehe Kapitel 5.2). Sie muss sich bewusst werden, dass sie im Grunde genommen für die Unternehmer im Unternehmen „Support leistet". Führungskräfte der Zukunft müssen Hindernisse aus dem Weg räumen, selbst aus dem Weg gehen und da sein, wenn sie gebraucht werden.

Mit emotionaler Führung meine ich, das Warum zu klären und zu bewahren. Die Antwort auf die Frage „Warum tun wir das?" muss den Sinn des Unternehmens erklären – und dabei geht es nicht darum, Geld zu verdienen. Natürlich muss ein Unternehmen Geld verdienen, sonst kann es nicht überleben. Es wird ein entscheidendes Merkmal erfolgreicher Führungskräfte sein, dass sie über das Warum kommend andere begeistern können – innerhalb wie außerhalb des Unternehmens. Nur so können sie sicherstellen, dass die Besten für ihr Unternehmen arbeiten möchten. Und wenn das Warum klar ist, erübrigen sich viele Fragen und Diskussionen. Gefragt sind vier weitere Fähigkeiten:

- Führungskräfte müssen in Zukunft schnell auf veränderte Bedingungen reagieren. Dafür brauchen sie ein flexibles Mindset, müssen das eigene Denken und Handeln infrage stellen können.

- Sie brauchen ein Verständnis für Gesamtzusammenhänge und müssen sich frei von Silodenken machen können.

- Weiter sollten sie eine positive Fehlerkultur vorleben und implementieren. Fehler zu negieren und zu sanktionieren ist die größte Innovationsbremse.

- Sie sollten ein neues Führungsverständnis entwickeln und sich nicht mehr als Vorgesetzter betrachten, sondern als Trainer, Coach und Enabler ihrer Mitarbeiter.

5.5 Die wichtigsten Assets für den Wandel

Es gibt einige wichtige Ziele der Kulturveränderung, die Sie nicht aus den Augen verlieren sollten, weil sie wesentlich dafür sind, dass das Unternehmen schneller und agiler wird.

Teams statt Einzelkämpfer

Wenn Sie sich an das Bild vom Satellitenunternehmen erinnern, wird klar, weshalb Sie auf Teams setzen sollten. Die Mitarbeiter sollten lernen, in fachübergreifenden Teams zusammenzuarbeiten. Damit das möglich wird, müssen Sie mittelfristig die Funktionsbereiche aufbrechen. Das kann aber nur funktionieren, wenn die Teams weitgehend selbstständig arbeiten können. Vorgesetzte im klassischen Sinn wird es nicht mehr geben, sondern Führungskräfte, die sich um mehrere Teams kümmern, also dafür sorgen, dass die Teams die entsprechenden Ressourcen haben, um ihre Arbeit gut zu machen. Natürlich geht das nicht von heute auf morgen, und es geht um weit mehr als um eine andere Form der Zusammenarbeit. Nehmen Sie als Beispiel die Anreizsysteme. Sie können nicht Teamarbeit fördern und nach wie vor die Leistung des Einzelnen belohnen. Teamleistung vor Einzelleistung lautet die Devise.

Denken Sie unbedingt auch über Führungsteams nach. Man erlebt immer wieder, dass junge Nachfolger in Familienunternehmen und auch jüngere Führungskräfte die Aufgaben ganz automatisch auf einen Führungskreis verteilen, dessen Mitglieder sich vertrauen und gegenseitig unterstützen. Die Tage der großen Macher, der Einzelkämpfer, der Selbstdarsteller sind gezählt – dafür ist die Welt zu komplex geworden. Sicherlich wird es immer wieder charismatische Persönlichkeiten geben, die eine andere Rolle spielen, aber generell wird die Leistung des Einzelnen hinter die Teamleistung zurücktreten. Arbeit soll Freude machen, und das gelingt am besten in einem Kreis von Gleichgesinnten, von Freunden.

Mehr Entscheidungsbefugnisse für alle

Ein Unternehmen, das einem Satellitensystem gleicht, braucht viele Entscheider. Entscheidungsbefugnisse sind das A und O eines unternehmerischen Mindsets. Nur wer entscheiden kann, ist in der Lage, seine Vorstellungen durchzusetzen, seine Arbeit abzuschließen. Und wer Entscheidungen trifft, trägt auch die Verantwortung dafür. Er wird seine Entscheidungen also in der Regel verantwortungsbewusst treffen und darauf achten, weder dem Unternehmen noch seinem Team, noch sich selbst damit zu schaden. Entscheidungen zu treffen und Verantwortung zu tragen macht stolz und fördert Loyalität. Menschen, die gestalten, haben eine sehr viel höhere Motivation als Menschen, die ausführen. Überlegen Sie nur, wie viel Energie in herkömmlichen hierarchischen Organisationen auf den Pöstchenschacher und den Erhalt von Macht und Pfründen verschwendet wird. Stellen Sie sich vor, was alles möglich ist, wenn das wegfällt.

Vertrauen, Verbindlichkeit, Verantwortung

Diese drei Werte sollten in zukunftsfähigen Organisationen Basis der Zusammenarbeit sein. Wer in Teams und Netzwerken arbeitet, muss zwangsläufig anderen vertrauen. Er muss sich darauf verlassen können, dass gemeinsame Entscheidungen für alle verbindlich sind und sich jeder zu seiner Verantwortung für das eigene Handeln und das Team bekennt. Niemand kann sich mehr hinter Anweisungen oder den Entscheidungen anderer verstecken, wenn Transparenz bis hinunter zur Zielerreichung (Beispiel OKR bei Google) herrscht.

Kundenbesessenheit

Startups zeichnen sich durch ihre Kundenbesessenheit aus. Das ist unter anderem eine Folge der Methoden, die sie verwenden. Letztlich lernen sie vom Kunden, erproben und verbessern ihre Produkte mit dem Kunden und dessen Feedback (Build – Measure – Learn). Kleine Teams haben die Chance, sich dem Kunden in einer Art und Weise zu öffnen, zu der die „erwachsene", klassisch strukturierte Organisation nicht (mehr) in der Lage ist. Die arbeitsteilige, auf Effizienz und Perfektion getrimmte Struktur verhindert, dass der Kunde im Mittelpunkt der Organisation steht. Die Abteilungen entwickeln ein Eigenleben, Machtkämpfe um Ressourcen und Pfründe sowie egoistische Motive der Führungskräfte und Entwicklungsprozesse, die nicht kundengetrieben, sondern produktgetrieben sind, verstellen den Blick auf die tatsächlichen Wünsche und Bedürfnisse der Kunden. Richtig: Etablierte Unternehmen haben im Gegensatz zu Startups bereits Kunden, die sie auch kennen, doch durch die Art ihrer Entwicklungsprozesse und die Organisationsstruktur entfernen sie sich weit vom Kunden und projizieren ihre eigenen Annahmen auf den Kunden.

Scheitern als Chance

Für Startups ist Scheitern ganz normal. Die heute geforderte Schnelligkeit verlangt weniger nach Perfektion denn nach einer Testmentalität. Das beinhaltet, Dinge auszuprobieren, zu verwerfen, zu scheitern, neu anzufangen. Denken Sie an die Schleife Build – Measure – Learn. Doch für viele etablierte Unternehmen stehen noch immer Perfektion und Effizienz im Mittelpunkt ihres Denkens. Das muss auch so sein, denn die Kunden erwarten das selbstverständlich. Doch wer agiler und schneller werden und digitale Projekte aufsetzen möchte, kommt nicht daran vorbei, Scheitern zuzulassen, ja zu begrüßen. „In unseren Unternehmen gibt es ein gerüttelt Maß an Perfektion – da ist Scheitern nicht vorgesehen. Wer Dinge ausprobiert, die sich dann vielleicht als falsch erweisen, kann nicht perfekt sein", sagt Prof. Dr. Andreas Kuckertz von der Universität Hohenheim, Leiter des Fachgebiets Unternehmensgründungen und Unternehmertum.

Die Startup-Szene kennt „FuckUp-Nights" ☑, auf denen gescheiterte Unternehmer über ihre Erfahrungen sprechen. Das kann man auch mit gescheiterten Projekten in großen Unternehmen tun. Es ist ein erster Schritt weg von der Stigmatisierung Gescheiterter. Sowohl in der Gesellschaft als auch in den Unternehmen muss es Orte für das Ausprobieren von Dingen als auch Orte für Perfektion geben. Und eigentlich geht es nicht nur ums Scheitern, sondern viel grundsätzlicher auch darum, mit Ungewissheit umgehen zu können. Wir müssen lernen, statt der Risiken die Chancen zu sehen. Ein Beispiel: Wenn ein Innovationsmanager in einem Konzern versucht, Menschen für eine neue Aufgabe mit ungewissen Parametern zu begeistern, und mir erzählt, dass aus 70 Gesprächen kein einziges positives Ergebnis kommt, dann ist das niederschmetternd.

☑ *startup-code.de/fuckup-nights*

Viele junge Menschen sind ebenfalls nur wenig risikoaffin. Sie geben der Konzernkarriere den Vorzug, weil sie sich davon ein hohes Einkommen und Sicherheit versprechen. Außerdem werden sie schon in der Schule auf Perfektion und optimierte Noten getrimmt. Das rächt sich später, wenn es um Innovation geht. Kuckertz wünscht sich ein Schulfach Unternehmertum, ein Gründerpraktikum für Schüler oder eine Art „freiwilliges gefördertes Gründerjahr", während dessen sich junge Menschen als Selbstständige ausprobieren können. Die Unterstützung dafür steckt in den Schulen und in der Politik. Doch nur wenn sich im Verständnis von Politikern, Schulleitern und Lehrern etwas ändert, können Schüler an das Unternehmertum herangeführt werden. Solange es noch Lehrer gibt, die Unternehmertum mit Ausbeutung gleichsetzen, dürfte eine Veränderung schwerfallen.

Und auch der Mittelstand muss an sich arbeiten. Es reicht nicht aus, die „positive Kultur des Scheiterns" im Munde zu führen, und auch aus der Zusammenarbeit zwischen Startups und etablierten Unternehmen wird sich in den Unternehmen nicht per se eine andere Einstellung zum Scheitern ergeben. Dafür müsste die Begegnung zwischen den beiden Kulturen auf Augenhöhe erfolgen, und das ist oft nicht der Fall.

Der erfolgreiche Mittelstand betrachtet Startup-Gründer manchmal etwas abfällig und nicht als echte Unternehmer, denn schließlich arbeiteten Startups mit fremdem Geld; der „echte" Unternehmer dagegen hafte persönlich, so die Argumentation. Das ist schade, denn beide Seiten können voneinander lernen. Doch das geht nur, wenn die einen ihren paternalistischen Habitus loswerden und bereit sind, von Unerfahrenen zu lernen, und die anderen akzeptieren, dass auch die „Alten" vieles richtig machen. Beide Seiten sollten mit Neugierde und ergebnisoffen aufeinander zugehen, mehr miteinander reden, sich gegenseitig besser zuhören und allmählich ein besseres Verständnis für den anderen entwickeln, wünscht sich Kuckertz. Es gebe noch so viel mehr von Startups zu lernen als nur den richtigen Umgang mit dem Scheitern.

Die Haltung zum Scheitern hängt eng mit dem Verständnis von Unternehmertum zusammen, ist Kuckertz überzeugt, der zusammen mit Christoph Mandl und Martin P. Allmendinger die Studie „Gute Fehler, schlechte Fehler" ☑ veröffentlicht hat, eine repräsentative Befragung zur Einstellung der deutschen Bevölkerung zu unternehmerischem Scheitern. „In der Gesellschaft fehlt es an Verständnis für Unternehmertum", sagt der Experte. „Wie sonst kann es sein, dass 40 Prozent der Deutschen nicht gründen würden, wenn das Risiko des Scheiterns besteht? Denn in Wahrheit ist es doch so: Ein Unternehmen zu gründen beinhaltet immer ein Risiko. Wer etwas Neues schafft, kann immer auf die Nase fallen. Wirtschaft und Unternehmertum werden oft kritisch gesehen, aber selten verstanden."

☑ startup-code.de/studie-fehlerkultur

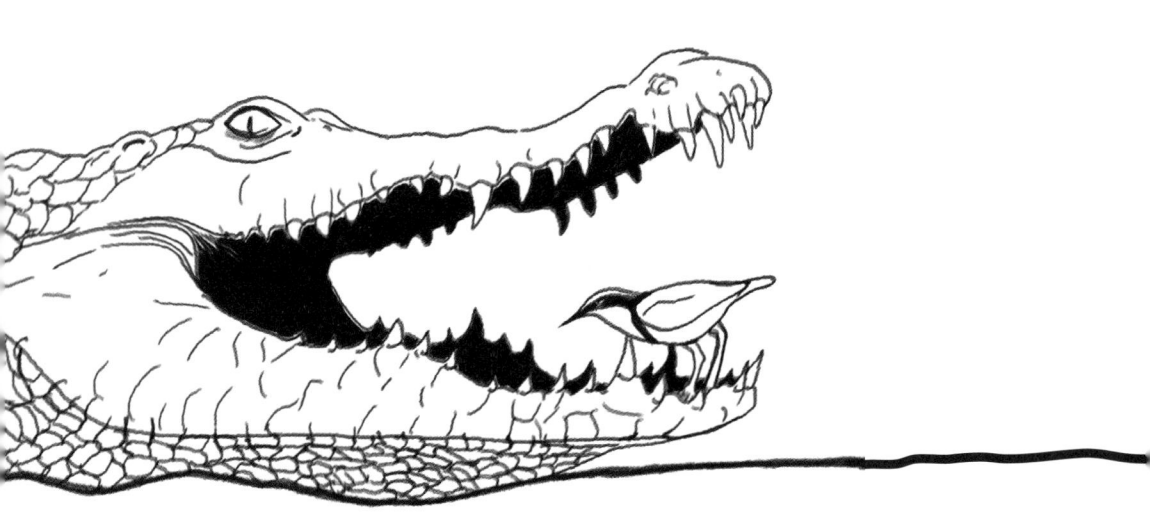

Kapitel 6

Startups und Etablierte: Zusammenarbeit und Methoden

»Was immer du tun kannst oder wovon du träumst – fange es an. In der Kühnheit liegt Genie, Macht und Magie.«
Johann Wolfgang von Goethe

Unternehmen schlagen bei der digitalen Transformation unterschiedliche Wege ein, doch immer mehr von ihnen arbeiten mit Startups zusammen, beteiligen sich an Startups oder gründen Inkubatoren, Hubs, Acceleratoren und Digitaleinheiten. Die großen Konzerne sind hier Vorreiter. Bereits ein Drittel der DAX-Konzerne betreibt Acceleratoren und Inkubatoren. In diesem Kapitel erfahren Sie zum einen, welche Möglichkeiten es gibt, wie man am besten herangeht und welche Fallstricke es zu beachten gilt. Außerdem stelle ich Ihnen die wichtigsten Methoden der Startups vor.

6.1 Nemo und die Seeanemonen

Was hat der Clownfisch Nemo mit Startups und Konzernen zu tun? Die Antwort gibt Prof. Dr. Julian Kawohl von der Hochschule für Technik und Wirtschaft Berlin. Er hat auf YouTube einen interessanten Beitrag zur Zusammenarbeit zwischen Startups und Unternehmen/Konzernen veröffentlicht, in dem er sich Gedanken darüber macht, was die Partner einbringen können, wie nachhaltig eine solche Verbindung sein und unter welchen Bedingungen sie funktionieren kann. Die meisten Startup-Programme von Konzernen sind auf drei bis zwölf Monate beschränkt, nicht unbedingt ein Anzeichen für Nachhaltigkeit. Dabei haben beide Seiten gerade in ihrer Unterschiedlichkeit einander viel zu bieten.

Es kommt jedoch darauf an, eine Win-win-Konstellation zu schaffen – ganz wie die Symbiose zwischen Clownfischen und Seeanemonen. Der Clownfisch versorgt die Seeanemonen durch seine Flossenbewegungen mit Sauerstoff, die Seeanemonen schützen den Fisch durch ihre Tentakel vor Fressfeinden.

Was Startups einbringen können:
- Sie arbeiten nach dem Prinzip „start small, fail fast, learn faster",
- haben bahnbrechende Ideen und Innovationen,
- sind Entrepreneure,
- folgen dem Netzwerkgedanken,

- sind extrem kundenorientiert und
- setzen auf neue Technologien.

Was Konzerne einbringen können:
- Sie verfügen über Erfahrung und Historie,
- sind finanzkräftig,
- haben Marke und Kundenstamm,
- Know-how und spezielle Kernkompetenzen.
- Sie sind Spezialisten in Economies of Scale und
- verfügen über Prozesse, Disziplin und Exekutionsfähigkeit.

Gleichzeitig stehen sich Konzerne und Startups aber zunehmend in fast jeder Branche als Wettbewerber gegenüber, auch im Kampf um Talente. Außerdem betrachten die CFO der Konzerne die Startup-Programme zunehmend kritisch hinsichtlich ihres messbaren Erfolgs. Weitere Konfliktpunkte sind kulturelle Unterschiede und operative Herausforderungen wie unterschiedliche Planungsfristen. Damit die Zusammenarbeit gelingt, dürfen Startup-Programme nicht als Feigenblatt betrachtet werden, sondern es muss ein Commitment des Topmanagements beziehungsweise der Führung geben.

Dem Mittelstand empfiehlt Kawohl, gemeinsam mit anderen Unternehmen einen Accelerator zu gründen. Dann könne man den Startups tatsächlich einen Nutzen bieten und sich außerdem die Kosten teilen. In der Zusammenarbeit müsse man sich Ziele setzen und Meilensteine festlegen. Ebenso wichtig sei es, von Unternehmensseite Ressourcen anzubieten und Zugang zu gewähren. Startups suchen in der Regel nach Go-to-Market-Optionen und Kunden. Auf kultureller Ebene sollte man sich bewusst sein, dass man sich eventuell selbst kannibalisiert und es zu einer Ressourcenverschiebung kommt. Unerlässlich ist die Öffnung nach außen.

Der Nürnberger Strategieexperte für Familienunternehmen Prof. Dr. Arnold Weissman ist überzeugt, dass Familienunternehmen und Startups eine wunderbare Allianz sein können. „Wir brauchen eine neue Kultur des ‚Ja, und' statt des ‚Ja, aber', und das können etablierte Unternehmen von den jungen Startups lernen. Diese wiederum profitieren von den Werten, der Erfahrung und dem Können der reifen Unternehmen", sagt er. Die Digitalisierung sei für Familienunternehmen eine ganz große Reise, die in eine traditionserhaltende Erneuerung münden müsse. Doch sei es ein Unterschied, ob man mit einem großen Schiff den Kurs ändere oder mit einem kleinen. Familienunternehmen müssten überlegen, was für sie relevant sei.

Von den Startups könnten Familienunternehmen lernen, alles infrage zu stellen. „Fragen Sie sich, was Ihr Unternehmen in sieben Jahren können muss. Strategieentwicklung ist kein Projekt, sondern ein Prozess. Schaffen Sie für diesen Prozess Rituale. Damit können Sie den Menschen ihre Ängste vor der Veränderung nehmen. Erlauben Sie sich und Ihren Mitarbeitern, zu scheitern, etwas falsch zu machen", empfiehlt Weissman. „Verbiegen Sie sich nicht, aber seien Sie bereit zu lernen. Veränderung ist eine Frage der Haltung."

6.1 Vielfältige Möglichkeiten

Die meisten Mittelständler tun sich schwer, den großen Konzernen nachzueifern. Das ist auch nicht notwendig. Wichtig ist, dass die Zusammenarbeit mit Startups den Möglichkeiten und Wünschen eines Unternehmens angepasst ist und die Bedürfnisse der Startups ernst nimmt – es gibt keinen Königsweg. Von der punktuellen Zusammenarbeit in einzelnen Projekten bis zum Kauf eines Startups ist alles möglich. Während die großen Konzerne meistens in die Vollen gehen, ist der Mittelstand vorsichtiger. Viele Unternehmer besuchen zunächst Veranstaltungen, auf denen sie einen Eindruck von der Szene bekommen, zum Beispiel bei den IHK. Auch Startup-Wettbewerbe und Hackathons sind beliebte Treffpunkte für eine erste Annäherung. Der erste Schritt sollte immer das Kennenlernen und der Austausch sein.

Hackathons – Chance für Firmen und Startups

Das Wort Hackathon setzt sich zusammen aus „hacken" und „Marathon". Hackathons „sind digitale Treffen von Programmierern, Designern und Kreativen zur Entwicklung von Lösungsansätzen für unterschiedliche Fragestellungen unserer Zeit", so das in Köln ansässige hack.institute. Das Institut stellt Plattformen zur Verfügung, die es der digitalen Community ermöglichen, gemeinsam interdisziplinär zu arbeiten, auch zusammen mit Unternehmen. Die spontan entstehenden Teams präsentieren am Ende der Zusammenkünfte handfeste Prototypen für Applikationen, zur Optimierung von Prozessen und neue Produktideen. Das Kunststück eines Hackathons ist es, relevante Ideen mit neuester Technologie direkt umzusetzen. Für Unternehmen sind Hackathons darüber hinaus auch eine wunderbare Möglichkeit, mit potenziellen neuen Mitarbeitern oder Partnern in Kontakt zu treten.

Bosch veranstaltet Hackathons ebenso wie Bofrost oder Versicherungen. Bosch hat zum Beispiel bereits zwei Hackathons zum automatisierten Fahren veranstaltet. Bofrost lud gemeinsam mit hack.institute Kreative ein, um die fahrende Gefriertruhe der Zukunft zu gestalten. Acht Teams aus Codern, Designern und Strategen befassten sich mit flexibleren Lösungen zum Bestellen, cleverer Smart-Home-Integration und communitybasierten Bonusprogrammen. Ziel war es, den Kunden des Lieferanten für Tiefkühlprodukte bequemere Einkäufe zu ermöglichen und dem Unternehmen bessere Prozesse zu verschaffen.

Wenn Sie selbst einen Hackathon veranstalten möchten, sollten Sie das nicht alleine tun, sondern sich professionelle Unterstützung sichern. Wichtig ist es im Vorfeld, ein Thema oder ein Suchfeld festzulegen, damit die Teilnehmer wissen, worum es geht, und abwägen können, ob das Thema mit ihren eigenen Interesse- und Wissensgebieten korrespondiert. Außerdem sollten Sie sich bewusst sein, dass Sie als Veranstalter auch etwas beitragen müssen – mit Information, Versuchsmöglichkeiten, Nutzung von Ressourcen etc. Bosch zum Beispiel lud die Teilnehmer des

Hackathons dazu ein, mit Robotern zu experimentieren und gemeinsam mit seinen Spezialisten die Sensoren, Sonare und Kameras zu untersuchen. Es gab Sachpreise zu gewinnen und die Gelegenheit, sich über die Einstiegsmöglichkeiten bei Bosch zu informieren.

Denken Sie daran: Sie laden zu einem Hackathon keine Schulklasse ein, sondern hochintelligente und kreative Menschen, denen es Spaß macht, digitale Lösungen zu finden, die aber auch selbst vorankommen möchten.

Und noch ein Tipp: Zu solchen Hackathons kommen viele junge Menschen. Es empfiehlt sich, ihnen die Fahrtkosten zu ersetzen und für die Unterbringung aufzukommen. Sie werden sich wundern, mit welchem Riesenspaß, aber auch welcher Ernsthaftigkeit und Kompetenz auf einem Hackathon Problemlösungen entstehen. Mehr zum Thema ☑ *startup-code.de/hackathons*

Beteiligung an einem Startup mit Übernahme

Manchmal spielt auch der Zufall eine Rolle, so wie bei der Renz Metallwarenfabrik, einem 1925 gegründeten familiengeführten mittelständischen Unternehmen aus Kirchberg an der Murr. Der Briefkastenhersteller hat unter Führung der eigenen IT gemeinsam mit einem schwedischen Startup und anderen externen Partnern eine Paketkastenanlage mit elektronischer Steuereinheit für Ein- und Mehrfamilienhäuser entwickelt. Die Anlagen erleichtern Paketzustellern und -empfängern das Leben – angesichts des zunehmenden Onlinehandels eine sinnvolle Sache – und erschließen dem Unternehmen neue Geschäftsfelder.

Wer die Paketkastenanlage nutzen möchte, muss mit den verschiedenen Paketzustellern einen sogenannten Ablagevertrag abschließen und sich auf der Plattform www.myrenz.com registrieren. Die Bedienung der Paketkastenanlagen ist denkbar einfach und erfolgt über ein Touchdisplay. Die Identifizierung der einzelnen Nutzer geschieht via App, über einen elektronischen Schlüsselchip oder die Eingabe einer persönlichen PIN. Empfangen und versendet werden können dank integrierter Logistikprozesse Pakete von DHL, DPD, GLS und Hermes, die zusammen über 80 Prozent der Zustellungen in Deutschland im B2C-Bereich erledigen. Aber nicht nur das: Nutzer der Paketkastenanlagen können anderen Zustellern oder Lieferanten mittels eines Dauercodes oder einer einmaligen PIN ebenfalls die Möglichkeit geben, die Anlage zu nutzen. Man kann sogar dem Nachbarn einen Kuchen in die Paketbox stellen, den er dann mittels PIN entnimmt.

„Die ursprüngliche Steuereinheit aus Schweden war zu unflexibel, als dass wir alle Paketdienstleister in jedem Markt hätten einbinden können. Doch das war erfolgskritisch", erzählt Unternehmer Martin Renz. „Die Lösung war schließlich eine hochflexible Steuereinheit in Verbindung mit der Systemplattform ‚myRENZbox', auf der sich alle Nutzer der Paketkastenanlagen registrieren können." Die Steuereinheit gibt es in verschiedenen Ausführungen. Eine Variante erlaubt es zum Beispiel Wohnungsverwaltungen, das Display der Anlage als Schwarzes Brett zu nutzen.

Für seine innovativen Paketkastenanlagen mit elektronischer Steuerung wurde das Unternehmen mehrfach ausgezeichnet, unter anderem Ende Juni mit dem ersten Preis des „Digital Leader Award" in der Kategorie „Invent Markets". In dieser Kategorie werden Digitalisierungsprojekte ausgezeichnet, durch die neue Märkte und Kundengruppen erschlossen werden.

Das digitale Produkt verändere alles im Unternehmen, betont Renz. Man brauche neue Kompetenzen und müsse mit Externen arbeiten, zum Beispiel mit App-Entwicklern. Aus einem analogen Produkt ein digitales zu machen verändere Entwicklung, Konstruktion, Produktion und alle Prozesse. Doch der Aufwand habe sich gelohnt. Momentan verdiene man zwar nur durch den Mehrwert der Ausstattung und nicht durch die Plattform, doch man denke bereits über Miet- und Leasingmodelle nach. Darüber hinaus „tun sich ganz neue Zielgruppen auf". In Schweden nutze ein großes Klinikum die Paketkastenanlage als Wareneingang. Für Materiallieferungen an Baustellen eigneten sich die Anlagen ebenfalls. „Auch wenn der Weg manchmal holprig ist, darf man den Mut nicht verlieren, sondern muss aus den Fehlern lernen, an den Erfolg glauben und dranbleiben", zieht Renz Bilanz.

Joint Venture mit Startup

ZF Friedrichshafen hat über ihre Tochter „Zukunft Ventures" mit dem Start-up „e.GO Mobile AG" ein Joint Venture namens „e.GO Moove" gegründet. Die Ziele des neuen Unternehmens liegen in Entwicklung, Produktion und Vertrieb eines Elektrotransportfahrzeugs für Menschen und Lasten. Das Startup, dessen Ziel die Entwicklung und Herstellung von Elektrofahrzeugen ist, und der Technologiekonzern passen gut zusammen. ZF hat sich nämlich der Durchsetzung der autonomen Elektromobilität in Ballungsräumen verschrieben und möchte dafür neue technologische Impulse setzen. Das Unternehmen rechnet vor allem im innerstädtischen Logistikbereich bis 2030 mit hohen Zuwächsen. ZF liefert die elektrische Antriebslösung, Fahrwerks- und Systemkomponenten. Das Startup verfügt auf dem Campus der RWTH Aachen über eine weitgehend vernetzte Industrie-4.0-Infrastruktur. Ein erster Prototyp wurde dort bereits entwickelt und vorgestellt.

Organisationsumbau mit Startup-Logik

Der Umbau einer klassischen linearen Organisation hin zu einer digitalen Organisation geht nicht von heute auf morgen. So viel ist klar. Dem stimmt EnBW-Innovationsmanagerin Christine Wienhold zu: „Mitarbeiter mit Unternehmergeist kann man nicht einfach pflücken." Am frustrierendsten sei es, wenn auch drei Jahre nach dem Start des Innovationsprogramms noch das Vorurteil zerstreut werden müsse, dass man, in Anspielung auf spielerische Startup-Methoden, auf dem EnBW-Campus „irgendetwas mit Legosteinen" mache oder „nur Geld verbrennt".

Der Beginn der digitalen Transformation ist jedoch die Arbeit mit Startup-Methoden, die man allerdings besser nicht von den Startups lernen sollte. Ein Startup ist in erster Linie an der eigenen Unternehmensentwicklung und der Kundengewinnung interessiert, nicht an der Wissensvermittlung. Besonders wenn es darum geht, Geschäftsprozesse zu digitalisieren oder das Kerngeschäft zu ergänzen, ist zum Beispiel die Einbindung von Querdenkern, IT-Fachleuten und eventuell die Kooperation mit einem jungen Unternehmen, das die Startup-Phase bereits hinter sich gelassen hat, sinnvoller.

Auch Berater oder Organisationen, die Experten für Startup-Methoden sind, über entsprechende Netzwerke verfügen und sich gleichzeitig mit den Bedürfnissen etablierter Unternehmen auskennen, sind in diesen Fällen nützlicher. Startups sind zu klein und zu sehr mit der Suche nach dem eigenen Geschäftsmodell beschäftigt, um hier nützlich zu sein. Sie können zur Inspiration beitragen, Anregungen geben und „Out of the box"-Denken fördern. Dafür bieten sich Startup-Safaris und Consulting in einem bestimmten Rahmen an. Das Ziel kann hier jedoch nicht sein, zwei Innovationen pro Jahr hervorzubringen, sondern neue Themenfelder kennenzulernen und zu verstehen.

Jeder Mittelständler kann jedoch Digitaleinheiten aufbauen, an denen Startups und andere Externe durchaus beteiligt sein sollten, aber eben mit dem begleitenden Coaching und der Weiterbildung durch Experten. Mittlerweile gibt es schon zahlreiche Erfahrungen mit dem Aufbau kleiner Digital Units, und man weiß inzwischen, dass es recht gut funktioniert und dazu beiträgt, mittelfristig im gesamten Unternehmen einen anderen Geist zu wecken und weitere Mitarbeiter für den Weg in die digitale Transformation zu begeistern. Das ist unerlässlich, wenn die Transformation wirklich erfolgreich sein soll, denn, wie bereits gesagt, es sind die Mitarbeiter diejenigen, die die Transformation umsetzen müssen.

Versicherer wird digital

Etventure hat zum Beispiel in einem Joint Venture mit der W&W AG (Wüstenrot & Württembergische) W&W Digital aufgebaut. Die Digitaleinheit kombiniert die Stärken aus der Finanz- und der Digitalbranche. Zielsetzung ist der Aufbau eines attraktiven Startup-Portfolios in den Bereichen Health Tech, InsurTech und PropTech. In einem vierstufigen Prozess –

Ideengenerierung, Problem-Solution-Fit (passt meine Lösung zum Problem des Kunden?), erstes einfaches MVP, MVP für den Markteintritt – wurden aus zunächst rund 500 Ideen fünf Produkte identifiziert, die in einer Geschäftsidee unter Einsatz von Entrepreneuren sowie mit Herstellung von Investorenkontakten und Sicherstellung des Folgeinvestments weiterentwickelt werden.

Zwei davon standen sehr schnell vor der Ausgründung. Therapio ist ein virtueller Physiotherapiebegleiter, der gemeinsam mit Therapeuten konsequent nutzerzentriert entwickelt wurde, um deren wahre Pain Points anzugehen. Keleya ist ein App-basierter Gesundheitscoach für werdende Mütter. Er stand bereits zwei Monate nach dem Start vor der Ausgründung und wurde in nur wenigen Wochen mit einem kleinen Team entwickelt und getestet. Rentenhero dagegen, ein Robo-Advisor im Bereich Altersvorsorge, wurde schnell wieder eingestellt. Die Kundengewinnungskosten waren zu hoch, und im B2C-Bereich gab es einen starken Wettbewerb. Die Erfahrungen aus den gestoppten Projekten im Versicherungsbereich werden jedoch dazu genutzt, ein attraktives Angebot im Bereich B2B-Versicherung aufzubauen.

Tipp: Solange Sie auf die folgenden Fragen keine überzeugenden und klaren Antworten haben, sollten Sie nicht mit dem Aufbau einer Digitaleinheit beginnen. Eine Digitaleinheit ist keine beliebige Spielwiese, sondern sollte ein Ziel verfolgen, das das Unternehmen weiterbringt.

Stellen Sie sich in Ihrem Unternehmen folgende Fragen:

- Was soll eine Digitaleinheit tun? Gibt es geeignete Suchfelder für neue Geschäftsmodelle?

- Welche Vorteile hat der Aufbau einer eigenen Digitaleinheit für Ihr Unternehmen gegenüber der Zusammenarbeit mit einem Startup?

- Haben Sie Mitarbeiter und Kompetenzen im Haus, die Teil einer Digitaleinheit sein könnten?

- Verfügen Sie über die nötigen Kontakte, um geeignete externe Teilnehmer zu finden?

- Wer soll verantwortlich sein? Brauchen Sie externe Unterstützung?

- Gibt es ein Budget für den Aufbau der Digitaleinheit?

Der Weg muss passen

Einige Mittelständler und viele Konzerne bauen bereits Digitaleinheiten beziehungsweise Digitaltöchter auf, entweder aus dem Unternehmen heraus oder mit Externen, durch ein Joint Venture oder den Kauf eines Startups. Jeder geht dabei seinen eigenen Weg. Porsche hat die Porsche Digital GmbH gegründet, Laserspezialist Trumpf steht hinter der Karlsruher AXOOM Solutions, die Mittelständlern dabei behilflich sein möchte, die Transformation zur intelligenten Fabrik zu realisieren. Zu den Kompetenzen zählen die strategische Beratung und die Umsetzung moderner Konzepte der Smart Factory, Lean-Management-Methoden und zukunftsorientierte Technologien zum weltweiten Maschinen-Monitoring.

DHL beschämt mit seiner Tochter StreetScooter die Autobauer. Gemeinsam mit dem im Dezember 2014 übernommenen Startup hat DHL in nur eineinhalb Jahren ein kompaktes Elektroauto entwickelt. Innerhalb von drei Jahren entstand ein für den Postbetrieb maßgeschneidertes und günstiges Elektroauto. Autoexperte Ferdinand Dudenhöffer kommentierte: „Das ist kein Ruhmesblatt für die deutsche Autoindustrie."

Einen anderen Weg geht zum Beispiel der Stromkonzern EnBW: Seit fast vier Jahren betreibt der Konzern ein an der Startup-Kultur orientiertes Innovationsprojekt, das es zum einen Mitarbeitern ermöglicht, eigene

Unternehmen zu gründen. In den ersten drei Jahren wurden auf diese Weise neun Unternehmen gegründet, von denen immerhin sieben überlebten. Für sechs Monate können sich Mitarbeiter einen Tag in der Woche freistellen lassen, um an einer Geschäftsidee zu arbeiten. Erweist sie sich als tragfähig, kann sie im unternehmenseigenen Innovationscampus weiterentwickelt werden. Außerdem gibt es einen Risikokapitalfonds von 100 Millionen Euro, mit dem der Konzern in externe Startups investiert.

Der Konzern hat vier Zukunftsfelder festgelegt, in denen er nach neuen Geschäftsmodellen sucht: vernetztes Haus, Mobilität der Zukunft, smarte Stadt und das Konzept des virtuellen Kraftwerks. Dabei geht es um die intelligente Steuerung der mehr als 1,5 Millionen Kleinkraftwerke in Deutschland, die drei Dutzend Großkraftwerke früherer Zeiten ersetzen. Erste Projekte wie eine intelligente Straßenlampe sind bereits marktreif.

Dr. Bertram Kandziora, Vorstandsvorsitzender der STIHL AG, legt überzeugend dar, dass auch ein über 90 Jahre altes Familienunternehmen zu Veränderung fähig ist. Mit großer Klarheit schildert Kandziora den Weg, den das Unternehmen bei der digitalen Transformation geht. „Die klassischen Wachstumsfelder sind bei uns neue Produkte, neue Händler, neue Märkte und neue Kunden. Daneben haben wir fünf Digitalisierungsfelder abgesteckt", erläutert der Vorstandsvorsitzende: „die Digitalisierung der sekundären und der primären Wertkette, die digitale Kundeninteraktion, digitale Produkte und digitale Geschäftsmodelle. Die drei letzten Felder haben ein höheres Chancenpotenzial, aber auch ein höheres Gefährdungspotenzial." Als Beispiele für digitale Geschäftsmodelle nennt Kandziora unter anderem Flottenmanagement, Arbeitssicherheit, Arbeitsunterstützung zum Beispiel für Forstarbeiter – Stichwort virtueller Wald. Er betont, dass man sich davor hüten müsse, disruptive Geschäftsmodelle zu unterschätzen. „Man muss schnell an digitales Brachland herangehen", mahnt Kandziora. Dafür müsse sich die IT in ihrem Selbstverständnis ändern.

Bei STIHL gehe man auf verschiedenen Wegen an die digitale Unternehmensentwicklung heran. Interne Lösungen, Beteiligungen, Anwendung von Startup-Methoden und die Beteiligung an einem Hightech-Gründerfonds seien Wege, die man ausprobiere. „Wir möchten einen Pioniergeist im Unternehmen etablieren", sagt der STIHL-Chef. „Deshalb arbeiten wir nach dem Prinzip ‚search – learn – experiment'. Wir bringen Startup- und Corporate-Talente in Teams zusammen, die Geschäftsideen in 14-tägigen Sprints entwickeln."

Erfolgreiche Zusammenarbeit stark personenabhängig

Die großen Konzerne versprechen sich von den Startups neue disruptive Ideen für ihre Geschäftsfelder und auch lukrative Investments. Vor allem in Berlin sind die Konzerne mit ihren Accelerator-Programmen aktiv. Die Deutsche Bahn unterhält dort das Programm „Beyond1435" mit zwei verschiedenen Tracks und je fünf teilnehmenden Teams pro Programm. Auch die Telekom und die Lufthansa sind mit Startup-Netzwerken dabei, ebenso Bayer, Pfizer, Axel Springer, Microsoft und SAP.

Ob die Zusammenarbeit zwischen den ungleichen Partnern klappt oder nicht, ist nach Erfahrung von Kathleen Fritzsche stark von den beteiligten Personen im Management der Konzerne abhängig. Kathleen ist Mitgründerin von Accelerate Stuttgart und war wie ich eine der treibenden Kräfte beim Aufbau einer Startup-Community in der Region Stuttgart, bevor sie als Accelerator Director im Programm „Beyond1435" zu Plug and Play nach Berlin ging. „Am besten ist es, verschiedene Wege auszutesten und zu schauen, wie man damit zurechtkommt. Anfangs ist es sicher gut, mit den Startups konkrete Pilotprojekte anzugehen, sozusagen als Test, ob deren Entwicklungen überhaupt relevant für das Unternehmen sind", sagt sie.

Große Unternehmen kaufen manchmal Startups auf. Allerdings erweist sich deren Integration in die bestehenden Strukturen meistens als schwierig. Es gibt nur wenige gute Beispiele dafür, dass es funktioniert. „Meistens scheitert es an den unterschiedlichen Kulturen, Leute springen ab, oder das Produkt wird am Ende eingestampft. Relativ neu ist, dass Großunternehmen zunehmend über Corporate-Venture-Fonds in für sie interessante Startups investieren", sagt Kathleen. Doch unabhängig von der Art der Zusammenarbeit ist zum einen die Messbarkeit des Erfolgs und zum anderen die Integration der Startups schwierig. Konzerne und Startups sind zwei unterschiedliche Welten, die sich nur langsam annähern können. Ob die Zusammenarbeit funktioniert, ist stark von den treibenden Personen im Konzern und von der Risikofreudigkeit des Managements abhängig. Die Zusammenarbeit ist ein langfristiges Projekt und trägt nicht gleich Früchte – Ungeduld ist hier fehl am Platz.

Bevor man in die Zusammenarbeit einsteige, sollten die Partner ihre Erwartungshaltungen und Anforderungen ehrlich abgleichen, empfiehlt Kathleen: Wie soll die Zusammenarbeit aussehen? Was sind die gewünschten Ziele? Außerdem sollte das Startup zur Industrie, zum Geschäftsbereich des Unternehmens passen, damit auch wirklich etwas erreicht werden kann, das beiden nützt. Die Partner sollten sich bewusst sein, dass sie aus zwei verschiedenen Welten kommen und die Zusammenarbeit nicht immer ideal sein wird, dass Schwierigkeiten zu überwinden sein werden.

Die Acceleratoren- und Hub-Programme großer Konzerne lassen sich nur bedingt auf mittelständische Unternehmen übertragen. Für manche Mittelständler ist es sicherlich sinnvoller, auf Veranstaltungen, über Universitäten und andere Netzwerke mit Startups zusammenzukommen und punktuell oder in einzelnen Projekten mit ihnen zusammenzuarbeiten. Man muss sich an den Nutzen von Acceleratoren und Hubs herantasten.

Für den Mittelstand sollte es zunächst darum gehen, mit den Arbeitsweisen der Startups in Berührung zu kommen und ein Verständnis dafür zu entwickeln. Die Startups können neue Arbeits- und Denkweisen in das Unternehmen einbringen, Personen aus dem Unternehmen können für die Startups als Mentoren fungieren. Ob es klappt, hängt vor allem an den handelnden Personen auf Unternehmensseite. Sie sollten von den Startups nicht erwarten, dass sie das Unternehmen in die digitale Transformation führen, und sich darüber im Klaren sein, dass so ein Projekt langfristig ist.

Darüber hinaus sollte der Mittelständler darauf achten, dass das Arbeitsgebiet der geförderten Startups für sein Geschäft von Relevanz ist und die Startups entsprechende Technologien mitbringen. Ziel der Zusammenarbeit ist es anfangs, voneinander zu lernen und Berührungspunkte zu suchen. Das gestaltet sich möglicherweise schwieriger als in Konzernen, denn viele mittelständische Unternehmen sind inhabergeführt, und manche Inhaber haben sehr spezifische Vorstellungen. Ein gangbarer Weg ist es, zunächst ein Pilotprojekt aufzusetzen, in dem man zusammenarbeitet, und darauf gefasst zu sein, dass die Zusammenarbeit mit einem Startup anders ist als gewohnt und immer ein gewisses Risiko birgt.

6.4 In Startups investieren

Wer mit Startups kooperiert, ist meistens gleichzeitig Investor. Auch wenn einige Experten der Meinung sind, die im internationalen Vergleich schlappe Gründerkultur in Deutschland liege keinesfalls am fehlenden Geld allein, spielt es doch eine große Rolle. International betrachtet zählt Deutschland beim Venture-Capital nicht gerade zu den Klassenbesten. Immerhin: Es gibt Fortschritte. Laut dem Startup-Barometer von Ernst & Young (EY) wurden im ersten Halbjahr 2017 in Deutschland 2,2 Milliarden Euro in Startups investiert. In den vergangenen drei Halbjahren war es jeweils nur halb so viel, nämlich zwischen 970 und 1,3 Milliarden Euro. Der Löwenanteil ging im ersten Halbjahr 2017 mit rund 1,5 Milliarden Euro an Berliner Startups, allein 387 Millionen Euro an den Essenslieferdienst Delivery Hero, übrigens nicht durch einen deutschen, sondern durch einen südafrikanischen Investor.

Selbst die Bundesregierung gibt zu, dass der deutsche Wagniskapitalmarkt gemessen an der deutschen Wirtschaftskraft winzig ist. „Während in Deutschland rund 0,02 Prozent (!) des BIP investiert werden, steht in den USA relativ zur Wirtschaftskraft fast das Zehnfache (0,17 Prozent des BIP) und in Israel knapp das 20-Fache des deutschen Wertes zur Verfügung", heißt es im Eckpunktepapier Wagniskapital. Die Regierung sieht noch einen weiteren gravierenden Unterschied: Die erfolgversprechenden Startups in Deutschland sind klein und wachsen relativ langsam.

Entsprechendes gelte für die in Deutschland investierenden Fonds, die oft zu klein seien, um größere Finanzierungsrunden möglich zu machen. Hier sollte sich die Politik allerdings statt zu klagen an die eigene Nase fassen: Schuld am darbenden Markt für Wagniskapital sind nämlich nicht zuletzt die kaum wettbewerbsfähigen Rahmenbedingungen für Wagniskapital, die wiederum von der Politik gesetzt werden.

Florian Nöll, Experte für Startups und die digitale Wirtschaft sowie Vorsitzender des Startup-Verbands, sieht im Finanzierungssystem für Startups in Deutschland unverändert strukturelle Defizite. Das Sorgenkind der deutschen Startup-Szene sei die Wachstumsfinanzierung. „Zwei, drei oder auch fünf Millionen Euro sind schwierig zu finden", sagt Nöll. „Einerseits haben wir kaum Investoren im Land, die in dieser Größenordnung investieren können, und auf der anderen Seite ist für amerikanische Investoren der Aufwand zu groß, um für diese Beträge aus San Francisco nach Berlin zu fliegen."

Vor diesem Hintergrund fordert der Startup-Verband in seiner Agenda verschiedene Maßnahmen, neben steuerlichen und regulatorischen Anreizen für private Investoren auch einen Hightech-Wachstumsfonds. Es sei sehr zu begrüßen, dass Bundeswirtschaftsminister Sigmar Gabriel erste wichtige Maßnahmen auf den Weg gebracht habe, aber einige Kennzahlen wiesen nach wie vor auf strukturelle Defizite in Deutschland und Europa hin. Weitere politische Maßnahmen müssten auf den Weg gebracht werden. „Diese Maßnahmen müssen zwingend privates Kapital mobilisieren, sonst werden wir das notwendige Kapital nicht aufbringen können. Dazu bedarf es jedoch eines Kurswechsels im Bundesfinanzministerium", fordert Nöll.

Der Entwurf des Ministeriums für ein Investmentsteuerreformgesetz (ursprünglich erwartete man ein Venture-Capital-Gesetz) wurde von Bundeskanzlerin Angela Merkel höchstselbst kassiert, denn es hätte den Todesstoß für die Startup-Finanzierung in Deutschland bedeutet. Durch das Eckpunktepapier Wagniskapital wurden die Bedingungen zwar nicht verschlechtert, aber auch nicht verbessert.

Mittlerweile gibt es einige Konzerne und große Mittelständler, die in Startups investieren, manche haben dafür sogar eigene Corporate-Fonds aufgelegt. Welches Ziel dabei im Vordergrund steht – die Zusammenarbeit und der Nutzen für das eigene Geschäft oder die Geldanlage mit Gewinnerzielungsabsicht –, ist für Art und Höhe der Investition entscheidend. Unternehmen, die in Startups investieren, sollten sich darüber im Klaren sein, dass eine solche Investition immer mit einem Risiko verbunden ist.

Dabei spielt auch eine Rolle, in welcher Phase der Unternehmensgründung beziehungsweise -entwicklung die Investition getätigt wird. Ein Startup in der Seed-Phase, das also ganz am Anfang steht, stellt naturgemäß ein höheres Risiko dar als ein junges Unternehmen, das bereits bewiesen hat, dass sein Geschäftsmodell funktioniert, und einen kleinen Kundenstamm aufgebaut hat. Entscheidend bei Investitionen in Startups sollte aber die Frage nach den eigenen Zielen und denen des Startups sein.

Wer ein strategisches Interesse hat, wird bei der Auswahl anders vorgehen als jemand, der sich einen möglichst hohen Gewinn zum Beispiel bei einem Börsengang verspricht. In den USA setzen die Investoren vorzugsweise auf schnelles Wachstum und einen schnellen, renditestarken Exit. Wenn unter zehn Investments ein Gewinner dabei ist, werden dadurch die Verluste durch die anderen neun kompensiert. Diese Vorgehensweise kollidiert mit der deutschen und europäischen Sichtweise, die eher auf Langfristigkeit und überschaubares Risiko setzt, und ist eher eine Vorgehensweise von professionellen Venture-Capital-Gesellschaften.

Die Startups ihrerseits haben nicht nur Interesse an der Finanzierung, sondern möchten gerne von der Erfahrung, der Infrastruktur, dem Kundenstamm und dem Netzwerk der Investoren profitieren und das Unternehmen als Pilotkunden gewinnen. Das spricht prinzipiell dafür, dass auch mittelständische Unternehmen sinnvolle Investitionen tätigen können, von denen beide Parteien profitieren. Weitere Entscheidungs-kriterien für Startup-Unternehmer werden außerdem die vom Partner geforderte Beteiligung und das vom Investor geforderte Mitsprache-recht sein.

Die Tee-Allianz

Dass die Partnerschaft sogar bei einer Mehrheitsbeteiligung des In-vestors funktionieren kann, zeigt das Beispiel des Berliner Online-Tee-händlers „5 CUPS and some sugar" mit Teekanne. Marketingleiter Pa-trick Ulmer über die Zusammenarbeit mit dem Familienunternehmen: „Wir sind für Teekanne eine Art Experimentier- und Innovationsplatt-form. Unsere Erfahrungen geben wir an unseren Partner weiter, von der Management- bis zur Sachbearbeiterebene. Wir erfinden neue Dinge, sind kreativ und setzen auf innovative Abläufe. Wir arbeiten on demand und haben uns die schlanke Produktion bei der Auto- und Solarindustrie abgeschaut. Das sorgt für Transparenz und halbiert die Produktionszeit. Viele Prozesse bei uns sind digital. Teekanne dagegen verfügt über eine über 100-jährige Tradition und das damit verbundene Know-how, das sie uns zur Verfügung stellen. Wir können so einen nahezu unerschöpf-lichen Wissenspool nutzen, egal ob es um Einkauf, Personal, Planung, Lebensmittelrecht oder Marketingfragen geht. Und natürlich gibt es wirtschaftliche Synergien, zum Beispiel beim Rohstoffeinkauf."

Die richtige Investitionsmöglichkeit finden

Prinzipiell gibt es mehrere Phasen der Startup-Finanzierung, die sich grundlegend unterscheiden.

Die **Pre-Seed- oder Startup-Phase** kennzeichnet eine sehr frühe Phase. Es besteht zwar eine Idee, aber noch kein Unternehmen.

In der **Seed-Phase** ist das Unternehmen bereits gegründet, es gibt schon einen Prototyp des Produkts. Im Wesentlichen charakterisiert die Startup-Phase die Zeit von der Unternehmensgründung bis zur Markteinführung.

Diese beiden Phasen werden auch als Frühphasen bezeichnet. Häufig kommt das benötigte Kapital von den Gründern selbst, ihren Familien, von Freunden, Business Angels oder aus Fördermitteln. In der Startup-Phase sind auch Company Builder und Acceleratoren gefragt. Bankkredite sind in dieser Phase so gut wie unmöglich, weil die meisten Gründer keine Sicherheiten bieten können und das Geschäftsmodell noch zu risikobehaftet ist.

Die **Wachstumsphase** ist gekennzeichnet durch Marktdurchdringung und Expansion, möglicherweise auch international. Die Erweiterung des Vertriebs steht ganz oben auf der Agenda, aber auch die Weiterentwicklung der Produkte und die Diversifizierung. In dieser Phase werden häufig erste Überlegungen zu einem Börsengang angestellt. Der Kapitalbedarf ist weitaus höher als in den Frühphasen und wird meistens durch eine Kombination von Fremdkapital, Business Angels und VC-Gesellschaften gedeckt. Der Kapitalbedarf wird für gewöhnlich in mehreren Schritten gedeckt. Hier spricht man von Series A, B, C …

Auch wenn es spezielle VC-Gesellschaften für die Frühphasenfinanzierung gibt, engagieren sich die meisten doch bevorzugt, wenn es um Wachstumskapital geht. In dieser Phase ist bereits klar, dass das Geschäftsmodell trägt, und das junge Unternehmen hat schon erste Schritte in Richtung Professionalisierung getan. Es braucht also keine intensive Betreuung mehr, die VC-Gesellschaften in der Regel nicht leisten können, da sie viele Unternehmen im Portfolio haben. Besonders interessant für ausschließlich auf Gewinnerzielung setzende Investoren ist der Exit, also der Ausstieg aus dem Unternehmen, mit einem möglichst hohen Gewinn. Das kann über den Verkauf geschehen, zum Beispiel an einen Konzern, oder über den Börsengang.

Inkubatoren: Acceleratoren und Company Builder

Auch Inkubatoren, die mit dem Accelerator-Modell in der sehr frühen Phase und mit dem Company-Builder-Modell in einer etwas späteren Phase einsteigen, sind Investoren. Ein Accelerator-Programm dauert normalerweise nur wenige Monate, die finanzielle Unterstützung hält sich in einem vorgegebenen Rahmen, meistens im niedrigen bis mittleren fünfstelligen Bereich. Der Accelerator wird von Mentoren geführt. Der Accelerator erhält meistens einen Unternehmensanteil von bis zu 30 Prozent.

Company-Builder-Programme dauern länger und begleiten die Startups ebenfalls mit einem Mentorenprogramm. Ein guter Company Builder stellt umfangreiche Strukturen zur Verfügung, mit denen neue Unternehmen schneller und flexibler auf den Weg gebracht werden können, als dies Gründer oder kleinere Wettbewerber schaffen könnten. Das Problem dabei ist vor allem für kleinere Company Builder die Skalierung. Deshalb sollten Company Builder, die tatsächlich etwas bewirken möchten, selbst die nötige Masse haben, im Markt bekannt und gut mit Kapital ausgestattet sein.

Folgend stelle ich Ihnen einige Beispiele von Acceleratoren/Inkubatoren vor. Lassen Sie sich von deren Größe nicht schrecken. Auch der Mittelstand kann solche Acceleratoren aufsetzen, indem sich zum Beispiel mehrere Unternehmen zusammenschließen oder etwas kleinere Brötchen backen. Entscheidend ist, dass Sie den Willen haben, die Startups zu begleiten und ihnen Ressourcen zur Verfügung zu stellen, seien es finanzielle Mittel, Arbeitsraum, Forschungslabore oder unternehmerische Kompetenz. Es geht immer darum, dass beide Seiten etwas davon haben.

Tipp: Eine Übersicht (fast) aller Acceleratoren/Inkubatoren finden Sie hier: ⎘ *startup-code.de/liste-acceleratoren*

Beispiel: Beyond1435

Für die Deutsche Bahn ist „Beyond1435", eine Anlehnung an die Spurbreite der Schienen, nach der Mindbox bereits das zweite Accelerator-Programm, das künftig beide Programme vereint. Partner ist Plug and Play, nach eigenen Angaben einer der aktivsten Frühphasen-Investoren der Welt. Das Unternehmen hat unter anderem sehr früh in PayPal und Dropbox investiert. Plug and Play kann durch sein weltweites Netzwerk Startups identifizieren, die in den für den Unternehmenspartner relevanten Technologien arbeiten. Durch die internationalen Verbindungen und die Herkunft aus dem Silicon Valley verfügt Plug and Play über ein außergewöhnlich großes Netzwerk und entsprechende Ressourcen.

Die Deutsche Bahn verspricht sich von dem Programm neue Mobilitäts- und Logistikideen sowie langfristig lukrative Investments für DB Digital Ventures, das den Startups nach dem 100-tägigen Programm bei Passgenauigkeit auch ein mögliches Investment anbietet. Gestartet ist das Programm mit dem Thema „Smart Cities". Um die Teilnahme bewerben können sich prinzipiell alle Startups, die etwas zu den Themen Technologie, Mobilität und Logistik beizutragen haben. Die Teilnehmer am dreimonatigen Accelerator-Programm erhalten 25.000 Euro und arbeiten in der DB mindbox, dem DB Co-Working Space in Berlin, zusammen mit anderen Startups und Partnern – Zugang zum Netzwerk der DB und von Plug and Play inklusive. Die DB unterstützt mit Know-how, Datenbeständen und Branchenkontakten. Während dieser Zeit finden regelmäßige Mentoring Sessions und Networking Events statt. Wenn sich die Kandidaten für die zweite Runde qualifizieren, investiert die Bahn über DB Digital Ventures, und die Startups können bei Interesse ihre Idee auch ins Silicon Valley bringen.

www.beyond1435.com

Beispiel: Startup Autobahn

In Stuttgart hat Daimler gemeinsam mit Plug and Play und der Universität Stuttgart einen Accelerator ins Leben gerufen: Startup Autobahn. Dabei geht es um innovative Ideen im Bereich Mobilität. Jeweils ein Vierteljahr lang können zweimal pro Jahr jeweils zehn ausgesuchte Startups ein intensives Programm durchlaufen, bei dem sie von Daimler-Experten begleitet werden und die Infrastruktur auf dem Forschungscampus ARENA2036 nutzen können. In der Arena arbeiten Wissenschaftler der Universität Stuttgart mit Firmen der Autobranche zusammen.

Der Stuttgarter Autobauer will damit über seine eigenen Entwicklungsprojekte hinausblicken. Neu an dem Konzept ist nicht nur die Zusammenarbeit mit dem US-Investor aus dem Silicon Valley, sondern auch, dass Daimler den Startups vollen Freiraum lässt. Der Autokonzern sichert sich nicht von vornherein Anteile oder einen Zugriff auf die Technologien. Die Amerikaner bringen übrigens nicht nur ihre Erfahrung mit Startups mit nach Stuttgart, sondern hoffen, dort die im digital ausgerichteten Silicon Valley fehlende Expertise im Bereich der Produktion zu finden. Schließlich ist beim Thema Auto zunehmend Kompetenz in beiden Bereichen gefragt. Der Schwung der Amerikaner und ihre Fähigkeit, groß zu denken, sind im Schwabenländle dringend notwendig. Etwas American Spirit kann nicht schaden. Den bringt auch Raymond J. Chow von Daimler Business Innovation, zentraler Treiber des Accelerator-Projekts und Amerikaner. Seine Zukunftsvision ist nicht „bezahlbare Mobilität", sondern „Teleportation".

www.startup-autobahn.com

Beispiel: Innovationscampus CODE_n SPACES

Ulrich Dietz, Gründer des Finanzdienstleisters GFT in Stuttgart, gehört zu denen, die schon früh die Wichtigkeit und den Nutzen von Startups erkannten. Er stellte nicht nur den Wettbewerb CODE_n auf die Beine, sondern sah auch in der neuen Firmenzentrale auf zwei Etagen mit 1.200 Quadratmeter Fläche mit 22 Büroräumen, gemütlichen Lounge-Ecken, voll ausgestatteten Community-Bereichen und modernen Work-shop-Areas Raum für ambitionierte Startups, erfahrene Unternehmer und Innovationsteams etablierter Unternehmen vor. Ende 2016 wurde der Innovationscampus CODE_n sogar erweitert. Vom neonpink gesprayten Zimmer bis hin zum professionellen Unternehmerbüro im Corporate Center der GFT Technologies bietet CODE_n SPACES digitalen Pionieren eine einzigartige und inspirierende Campusumgebung. „Es gibt in der Region viele kluge Köpfe mit innovativen Ideen, Gründergeist und tiefgreifendem IT-Know-how – genau diese Pioniere suchen wir", sagte Dietz bei der Einweihung.

Unternehmensgründer starten ihre Geschäftsidee voller Elan, aber zumeist mit kleinen Budgets. Neu denken und etablierte Strukturen durchbrechen heißt es für Corporate-Innovation-Teams. Die Nähe zum Marktumfeld und der Austausch mit Dritten sind für alle entscheidend. CODE_n SPACES soll dafür die Lösung bieten: Raum für anspruchsvolles Arbeiten, das Quäntchen Inspiration und ein großes Netzwerkspektrum – gemietet auf Zeit, für Startups zu geringen Nebenkosten. Alle Mieter werden außerdem Teil des internationalen CODE_n-Ökosystems. Das umfasst die Mitgliedschaft in der Online-Community CODE_n CONNECT zur globalen Vernetzung sowie die Teilnahme an den CODE_n-Events wie Pitches, Afterwork-Meet-and-Greets, Stammtische oder Diskussionsreihen. Aufstrebenden Startups, die bei CODE_n mit ihrem Geschäftsmodell überzeugen, winkt außerdem die Option auf ein späteres Seed-Investment.

www.code-n.org

Beispiel: hub:raum

Der Inkubator der Telekom sucht gleich an drei Standorten nach den besten Startups, in Berlin, Tel Aviv und Krakau. Ziel des 2012 gegründeten hub:raum ist es, Startups bestmöglich zu unterstützen und gleichzeitig natürlich auch einen positiven Effekt für die Telekom zu erzielen. Die Startups erhalten bis zu 300.000 Euro Startkapital und können in Co-Working Spaces arbeiten. Dort werden sie durch das Netzwerk des Unternehmens und das hub:raum-Team unterstützt, Zugang zur Reichweite und Schwungmasse eines großen internationalen Konzerns inklusive. Die Telekom erhält dafür zehn bis 15 Prozent Anteile an den Firmen. Relevante Segmente für den Konzern sind vor allem B2B-Themen in den Bereichen Internet der Dinge (IoT), künstliche Intelligenz, Big Data, Smart Home und Robotics.

Bisher wurde mit über 200 Startups zusammengearbeitet und in über 20 investiert. Unter anderen zählen Blinkist, flexperto, Contiamo und Reparando zu den Erfolgsgeschichten. Erste Beteiligungen wurden bereits wieder verkauft. Seit April 2017 arbeitet hub:raum intensiv mit dem Bereich „Partnering und Business Development" der Telekom zusammen. Thomas Kicker, Leiter des Partnering und verantwortlich für die Startup-Aktivitäten bei der Telekom, sagt: „Wir werden die Partnering- und hub:raum-Aktivitäten stärker miteinander verzahnen. Sowohl beim Partnering als auch beim hub:raum scannen wir den Markt und schauen uns zahlreiche Startups an. Gemeinsam bekommen wir einen noch besseren Überblick über Trends und Teams und können die Startups noch besser unterstützen und entscheiden, wie wir am besten zusammenarbeiten, ob in einem Partnering-Modell oder einem Inkubator-Modell. Diese bereits in Israel erfolgreich gestartete Zusammenarbeit wollen wir auch auf Europa und die USA übertragen." Axel Menneking, Geschäftsführer des hub:raum Fund, ergänzt: „Das Partnering kann von den Prototyping- und Open-Innovation-Formaten bei hub:raum profitieren, zum Beispiel von einem Hackathon mit jungen Entwicklern und

Startups. So ergänzen sich der explorative Ansatz von hub:raum und der kommerzielle Ansatz von Partnering ideal."

www.hubraum.com

Der unabhängige strategische Inkubator

W&W-Geschäftsführer Nils-Christoph Ebsen empfiehlt Unternehmen den Aufbau eines unabhängigen strategischen Inkubators. In einem solchen Inkubator sind die Investitionsfelder besser steuerbar, weil er den Fokus des Teams definiert sowie die Zuweisung von Corporate Assets steuert. Trends können gezielt bearbeitet und an den Zielen des Unternehmens ausgerichtet werden. Um den Erfolg des Inkubators zu gewährleisten, müssen die vielfältigen Anforderungen von Entrepreneuren, Investoren, Kunden und des als strategischer Investor auftretenden Unternehmens erfüllt werden. Ebsen hat die erfolgskritischen Punkte identifiziert:

- **Kapital.** Der einfache Zugang zu ausreichendem Kapital für die Ideen- und Validierungsphasen eines Startups bildet die Kernvoraussetzung für einen erfolgreichen Inkubator. Ein Minimum von 250.000 Euro pro umzusetzender Idee ist angemessen. Weiteres Kapital wird möglicherweise als Puffer zwischen Investmentrunden und für einzelne hochtechnische MVP benötigt. Ein zweiter Kapitaltopf, um das Wachstum erfolgreicher Startups länger begleiten zu können, ist sinnvoll.

- **High Class Management.** Die Geschäftsführung des Inkubators sollte sowohl über Fachkompetenz und Netzwerke in der Kernindustrie verfügen als auch über Expertise im Unternehmensaufbau und über ein Netzwerk sowohl in der Startup- als auch in der Investoren-Szene.

- **Marktgerechte Strukturen.** Ein Inkubator gilt bei Wagniskapitalgebern als strategischer Investor, der oft hohe Anteile an den jungen Unternehmen hält. Das macht eine Investition für sie eher uninteressant. Das ist ein Wettbewerbsnachteil, der die Erfolgsaussichten des Startups verringert. Diesen Fehler kann man durch eine marktgerechte Beteiligungsstruktur vermeiden, unter anderem indem den Entrepreneuren hohe Unternehmensanteile zur Verfügung gestellt werden.

- **Operatives Kernteam.** Zur Erhöhung der Qualität und Beschleunigung der Umsetzung ist ein hoch spezialisiertes Kernteam unerlässlich. Das Team sollte alle nötigen Funktionsbereiche für ein Frühphasen-Startup abdecken, komplementär/heterogen aufgestellt sein und durch eine Beteiligung am Erfolg der Startups partizipieren.

- **Netzwerk.** Der Zugang zu einem extrem starken Netzwerk ist entscheidend für die Gewinnung von Investoren und Top-Entrepreneuren sowie den Erfolg der Startups. Das Netzwerk soll den Zugang zu Wagniskapital, Kooperationspartnern, Technologie, Experten und Kunden ermöglichen.

- **Hohe Selektivität bei der Ideenauswahl.** Eine starke Selektion bei der Auswahl der umzusetzenden Ideen garantiert eine hohe Qualität der Startups und gewährleistet eine höhere Erfolgswahrscheinlichkeit.

- **Strukturvorteile.** Die Erfüllung von administrativen und regulatorischen Pflichten kostet Entrepreneure Zeit und Fokussierung. Indem das Unternehmen in diesem Bereich unterstützt, wird eine Erhöhung der Umsetzungsgeschwindigkeit sowie die Fokussierung des Teams auf die Produktentwicklung erzielt.

- **Einfacher Zugang zu Daten und Corporate Assets.**

- **Unabhängigkeit des Inkubators.** Durch die hohen Anforderungen an die Geschwindigkeit müssen schnelle Entscheidungen der Geschäftsführung des Inkubators möglich sein, zum Beispiel im Bereich der Mittelverwendung.

Unternehmen sollten sich bewusst sein, dass Investitionen in Startups Langzeitinvestments sind, sagt Ebsen. Bei einem Inkubatorenansatz sollte deshalb ein Zeitfenster von fünf bis zehn Jahren geplant und budgetiert werden. Je früher der Ausstieg erfolgt, desto höher ist die Wahrscheinlichkeit eines Verlusts der Gesamtinvestition. Ebsen empfiehlt außerdem, den Inkubator nicht aus laufenden Strategie-, Projekt- oder Innovationsbudgets zu finanzieren, sondern die Finanzierung als Kapitalanlage zu betrachten. Das verhindere unter anderem Budgetkonkurrenz. Die Finanzierung über einen Fonds ermögliche die einfache Beteiligung Dritter.

Das Whitepaper von Nils-Christoph Ebsen zum Thema Corporate Incubation finden Sie unter ➚ *startup-code.de/corporate-incubation*

Was sich für den Mittelstand lohnt

Gehen wir einmal davon aus, dass es Ihnen bei Ihrer Investition nicht ausschließlich um den finanziellen Gewinn geht, sondern Sie auch strategische Ziele verfolgen, dann hängt es von Ihren individuellen Zielen ab, wie Ihre Investition aussieht, und natürlich von Ihrer Finanzkraft. Je weiter die Unternehmensentwicklung vorangeschritten ist, desto höher sind die benötigten Finanzmittel und desto höher wird das Unternehmen bewertet. Die meisten Unternehmen versprechen sich von der Investition in Startups Inspiration, die Stärkung unternehmerischer Kultur in der eigenen Firma, Zugang zu neuen, für sie künftig relevanten Technologien, eine Stärkung und Verteidigung ihrer Marktposition und die Diversifizierung in neue Wachstumsmärkte. Um diese Wünsche zu erfüllen, ist es notwendig, sich zum einen die Form der Investition genau zu überlegen als auch das Startup, in das man investieren möchte, genau anzuschauen. Und das betrifft keinesfalls nur die monetäre Seite. Ebenso wichtig ist das Team, dass die Chemie stimmt und die gegenseitigen Erwartungen passen.

- Welche Ziele verfolgen Sie mit der Investition in ein Startup?
- Welche Finanzmittel können und wollen Sie dafür aufbringen?
- Was können Sie dem Startup bieten?
- Sind Sie bereit, dem Startup Zugang zu Ihren Ressourcen zu gewähren?
- Passt das Geschäftsfeld des Startups zum Markt Ihres Unternehmens?
- Sind die betroffenen Geschäftsbereiche eingeweiht und werden die Kooperation unterstützen?
- Welche Alternativen zu einer direkten Beteiligung gibt es?

Tipp: Unternehmer können sich auch mit privatem Geld als Business Angels an einem Startup beteiligen. Das mindert das Risiko für das eigene Unternehmen. Business-Angel-Investitionen sind bereits ab etwa 25.000 Euro möglich. Allerdings wird von den Business Angels ein gewisses Commitment erwartet. Sie sollten über ein gutes persönliches Netzwerk verfügen und im Idealfall Know-how in der Branche mitbringen, in der das Startup tätig ist. Business Angels sollten Erfahrung mit Gründung vorweisen können und bereit sein, das Startup lange genug zu unterstützen. Der eingeforderte Unternehmensanteil sollte im richtigen Verhältnis zum Einsatz des Business Angels stehen.

Sonderweg Corporate Venture Capital

Konzerne und große Mittelständler haben in den letzten Jahren zunehmend einen Sonderweg beschritten: Sie vergeben Corporate Venture Capital (CVC). Es ist eine Sonderform des Venture-Capitals, „eine Eigenkapitalinvestition von Großunternehmen mit einem langfristigen, aber zeitlich begrenzten Horizont in private, wachstumsträchtige Jungunternehmen für die Gründung, frühe Entwicklung oder Erweiterung des Geschäftsbetriebs", so die Definition einer Studie der European School of Business in Reutlingen. Die Studie setzt sich mit der Frage auseinander, aus welchen Gründen Großunternehmen eine CVC-Strategie verfolgen und was die kritischen Erfolgsfaktoren dieser Strategie sind.

„Der CVC-Investor verfügt über umfangreiche Eingriffs- und Kontroll-möglichkeiten und übernimmt dadurch einen Teil des unternehmeri-schen Risikos mit dem Ziel, über eine Wertsteigerung des Geschäfts-modells einen Erlös beim Verkauf der Beteiligung zu erwirtschaften und gleichzeitig die strategischen Ziele des Mutterkonzerns zu reali-sieren", konkretisiert Prof. Dr. Ottmar Schneck, Rektor der SRH Fern-hochschule The Mobile University. Die Erreichung finanzieller und strategischer Ziele sei ein Punkt, in dem sich CVC vom traditionellen Venture-Capital unterscheide. Das zweite Unterscheidungsmerk-mal sei, dass die CVC-Einheiten meistens 100-prozentige Töchter oder selbstständige Geschäftsbereiche eines Konzerns seien.

CVC ist für die Unternehmen eine Möglichkeit, sich in wichtigen Wachs-tumsmärkten einen „first mover advantage" zu sichern, indem sie über Beteiligungen entweder an der Entwicklung der entscheidenden Produkte partizipieren oder erste direkte Markterfahrungen sammeln können, ohne große Ressourcen risikobehaftet zu binden. Während der Beteiligungsdauer muss das Management der CVC-Einheit allerdings konstante Vermittlungsarbeit zwischen dem jungen Unternehmen und den involvierten Geschäftsbereichen der Muttergesellschaft erbrin-gen, soll das Investment gelingen. Und auch hier geht es letztlich darum, eine Win-win-Situation zu schaffen.

Eine Studie des Branchendienstes „CV Insights" hat die 100 aktivsten CVC des ersten Halbjahres 2016 aufgelistet. Auf Platz eins liegt – wie könnte es anders sein – Google Ventures. Es folgen Intel Capital und Comcast Ventures auf den Plätzen zwei und drei. Immerhin haben es fünf deutsche CVC in die Liste geschafft. Auf Platz 26 findet sich Ten-gelmann Ventures, auf Platz 36 liegt Bertelsmann Digital Media. Der Boehringer Ingelheim Venture Fund belegt Platz 49 und Robert Bosch Venture Capital Platz 51. Der Merck Global Health Innovation Fund bildet auf Platz 53 das Schlusslicht der deutschen CVC.

Börse Stuttgart: VentureZphere

Im April 2017 hat die Börse Stuttgart das Informationsportal Venture-Zphere gestartet, das Startups, Investoren und Unternehmen besser miteinander vernetzen soll – zunächst nur in Baden-Württemberg, später auch deutschlandweit und international. Die Stuttgarter sehen sich damit in einer einzigartigen Position. Das Angebot sei nämlich nicht gewinnorientiert und für Startups auch schon in frühen Phasen offen. Die Kollegen in Frankfurt dagegen konzentrierten sich mit ihrem Angebot auf potenzielle Börsenkandidaten. Auf dem Portal können sich sowohl Startups auf Partnersuche vorstellen als auch Firmen und Investoren. „Für viele Startups ist es trotz intensiver Recherche ein riesiges Problem, Fördergelder, Investoren und vor allem Firmenpartner zu finden", sagte Ulli Spankowski, Leiter von Stuttgart Financial, beim Launch der Plattform. In Stuttgart habe man einen innovativen Mittelstand und extrem technologieaffine Startups. Man müsse sie nur zusammenbringen. Die Mittelständler seien nicht nur als Kapitalgeber, sondern auch als mögliche Kunden und Technologiepartner für die Startups interessant.

6.5 Die Werkzeuge richtig einsetzen

Seit die etablierten Unternehmen die Startups für sich entdeckt haben, geht es natürlich auch um deren Methoden. Von Lean Startup über Design Thinking, Scrum, MVP bis hin zu Business Model Canvas werden die Begriffe mitunter wild durcheinandergeworfen. Die Methoden der Startups sollen die Time-to-Market beschleunigen, Unternehmen schneller und agiler machen. Ich stelle Ihnen hier nur die wichtigsten Methoden vor, empfehle Ihnen aber, wenn Sie in die Tiefe gehen möchten, sich für den Einstieg mit drei Büchern zu befassen:

- „The Lean Startup" von Eric Ries
- „Das Handbuch für Startups" von Steve Blank und Bob Dorf
- „Business Model Generation" von Alexander Osterwalder und Yves Pigneur

Was ist Lean Startup?

Doch was ist tatsächlich dran an den Startup-Methoden? „Ist überhaupt etwas dran?", fragt sich so mancher. Die Ergebnisse einer Studie der Boston Consulting Group (BCG) legen nahe, dass definitiv etwas dran ist. Laut der Studie hat agiles Arbeiten großen Einfluss auf Marge und Wachstum: Agile Unternehmen erreichen bis zu fünfmal höhere Margen und ein stärkeres Wachstum als die Konkurrenz aus derselben Branche.

Grundlage der Lean-Startup-Methoden ist das Buch „The Lean Startup" ☐ von Unternehmer und Gründer Eric Ries. Seine Erkenntnisse gehen auf sein eigenes Scheitern mit seinem ersten Unternehmen und den Erfolg mit seiner späteren Firma IMVU zurück. Seine Absicht war es, eine Methode zu entwickeln, die erfolgreiches Gründen sozusagen systematisiert. Er schreibt: „Meine Hoffnung war es, einen Weg zu finden, die enorme Verschwendung, die ich überall um mich sah, zu unterbinden: Startups, die Produkte entwickelten, die niemand haben wollte, neue Produkte, die aus den Regalen entfernt wurden, unzählige geplatzte Träume."

☐ *startup-code.de/lean-startup*

Während seiner Suche stieß er auf Lean Manufacturing, das ursprünglich von Toyota entwickelt wurde. Er übertrug die Methodik der „schlanken" Produktion auf den Innovationsprozess. Insofern sollte die Lean-Startup-Methode für die meisten Unternehmen keine unüberwindbare Hürde darstellen, denn heute gibt es kaum noch produzierende Unternehmen, die nicht zumindest teilweise nach den Toyota-Prinzipien arbeiten. Auch im Lean-Startup-Modell wird zum Beispiel Kanban in einer angepassten Form genutzt.

Für das Lean-Startup-Modell gelten fünf grundlegende Regeln:

1. Unternehmer gibt es überall

Nach der Ries'schen Definition des Startups („Ein Startup ist eine von Menschen eingerichtet Organisationsform. Ins Leben gerufen, um ein Produkt oder eine Dienstleistung unter Bedingungen der extremen Unsicherheit zu entwickeln") lässt sich die Methode in Unternehmen jeder Größe und jeder Branche anwenden.

2. Unternehmertum ist Management

Ein Startup ist eine Institution, nicht nur ein Produkt, und deshalb bedarf es einer neuen Art von Management, abgestimmt auf den Kontext extremer Unsicherheit.

3. Validierte Lernprozesse

Startups haben keine Ahnung davon, wie ein Unternehmen zu führen ist. Es ist deshalb ihre Aufgabe, zu lernen, wie sie ein nachhaltiges Geschäft aufbauen. Im Lean-Startup-Modell muss jedes Produkt, jede Funktion, jede Marketingkampagne – alles, was ein Startup tut – als Experiment betrachtet werden, um validierte Lernprozesse zu erreichen.

4. Build – Measure – Learn

Die grundlegende Aktivität eines Startups ist es, Ideen in Produkte zu verwandeln, zu überprüfen, wie die Kunden darauf reagieren, und daraus abzuleiten, wie es weitergeht: Neuorientierung oder fortfahren (pivot or persevere).

5. Innovation messen

Unternehmerischen Erfolg zu messen beziehungsweise messbar zu machen ist keine kreative, sondern eher eine langweilige, wenn auch notwendige Aufgabe. Trotzdem kommt kein Startup um diese Aufgabe herum: Wie messen wir Fortschritt, wie setzen wir Meilensteine, und wie priorisieren wir unsere Arbeit?

Build – Measure – Learn

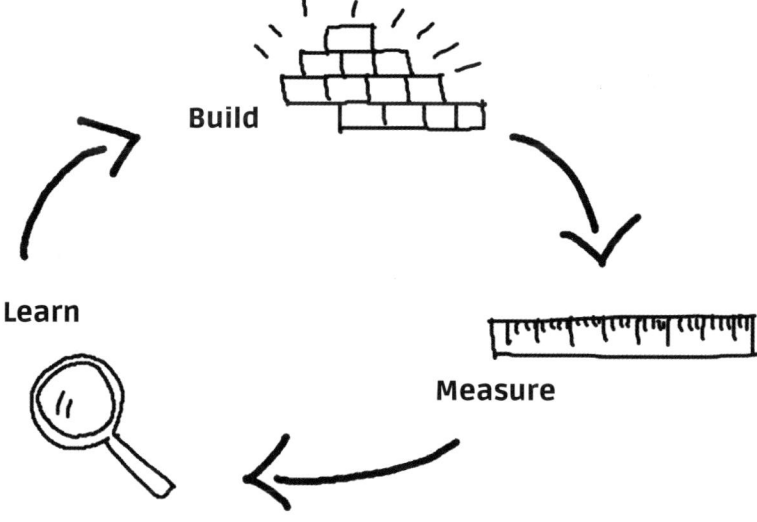

Build

Measure

Learn

Die alten Managementmethoden aus dem vorigen Jahrhundert werden der Aufgabe, ein Startup oder generell eine Organisation unter Unsicherheit zu führen, nicht gerecht. Die klassischen Managementinstrumente wurden für die Umsetzung von Strategien und die Optimierung von Prozessen entwickelt, aber nicht für Innovation und den Aufbau neuer Unternehmen und Geschäftsmodelle. Planung und Vorhersage sind nur exakt, wenn sie auf einer langen, stabilen Betriebshistorie und einer relativ statischen Umgebung basieren. Bei zahlreichen Startups hat die Nichtanwendbarkeit traditioneller Managementmethoden dazu geführt, dass sie der Maxime „einfach machen" folgen.

Die Methode, die Ries zusammen mit anderen aus dem Silicon Valley entwickelt hat, trägt den geänderten Rahmenbedingungen Rechnung. Sie basiert auf der Build-Measure-Learn-Schleife, die durch verschiedene Techniken beschleunigt wird. Wie beim Lean Manufacturing von Taiichi Ohno und Shigeo Shingo geht es darum, Ressourcenverschwendung in jeder Hinsicht zu vermeiden. Es geht um die Frage, welche Tätig-keiten im Unternehmen Wert schaffen und welche nicht. Und Wert ist im Lean Thinking immer der Nutzen für den Kunden. Auf diesen Erkenntnissen beruht das Minimum Viable Product (MVP) ebenso wie das Customer Development und das Value-Proposition-Modell.

Einer, der wissen muss, was Startup-Methoden bringen, ist Prof. Dr. Nils Högsdal, Prorektor Innovation an der Hochschule der Medien in Stuttgart. Er hat zusammen mit Daniel Bartel „The Startup Owner's Manual" – die Bibel der Startup-Gründer – von Steve Blank und Bob Dorf als wichtigstes Lehrbuch für den Lean-Startup-Ansatz mit nach Deutschland gebracht und war maßgeblich an dessen Übersetzung beteiligt. Högsdal warnt davor, die Begriffe und Methoden durcheinanderzuwerfen und Lean-Startup-Methoden unreflektiert einzusetzen: „Als Strukturmodell dient der Business Model Canvas, und dieser gibt einen Überblick zum aktuellen Verständnis des Geschäftsmodells. Das Customer-Development-Modell von Steve Blank ist

Der Business Model Canvas

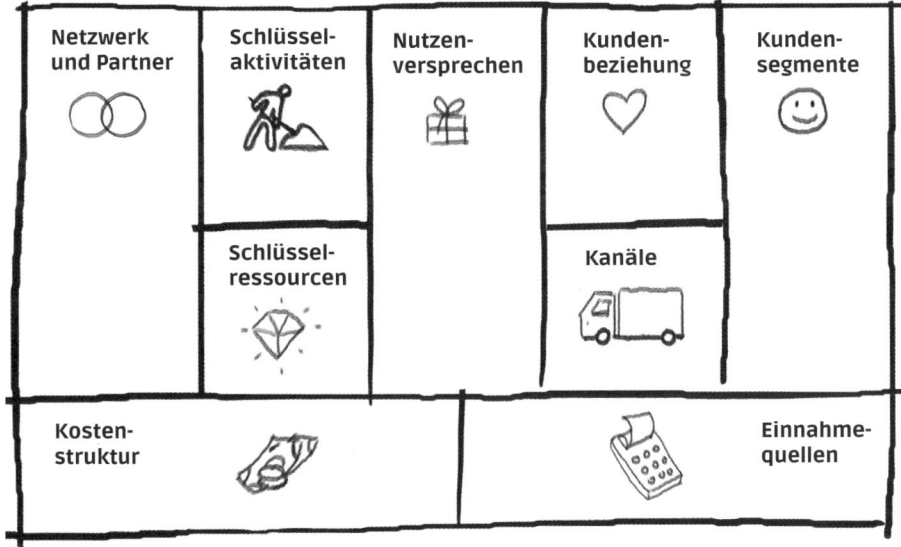

ein Vorgehensmodell. Design Thinking ist dem Ganzen vorgelagert." Von dem Business Model Canvas herrscht oft ein falsches Verständnis. Sie kann den Businessplan nicht ersetzen, sondern zeigt letztlich den aktuellen Stand eines Geschäftsmodells. Der Businessplan ist ein finanzielles Modell, das zumindest für Finanzierungen benötigt wird, denn Investoren wollen Zahlen sehen. Ob man einen Businessplan mit 50 Seiten schreiben oder ein Canvas-Modell erstellen muss, ist von der Zielgruppe abhängig. Geldgeber erwarten nach wie vor einen Businessplan im Sinne eines „financial model".

Der Business Model Canvas (BMC) nach Alexander Osterwalder verschafft einen Überblick über das Geschäftsmodell auf einer Seite und hilft, Schwachstellen zu erkennen. Außerdem eignet sie sich hervorragend dafür, verschiedene Varianten zu visualisieren und auszuprobieren. Letztlich zeigt der BMC, ob ein neues Geschäftsmodell tatsächlich funktionieren kann und Erträge bringt. Auf diese Weise können auch bestehende Geschäftsmodelle oder Geschäftsfelder überprüft und weiterentwickelt werden.

Der BMC zerlegt das Geschäftsmodell in neun Bausteine, die zusammen die wichtigsten Bereiche eine Unternehmen abdecken – Kunden, Angebot, Infrastruktur, Finanzen:

1. Kundensegmente
Hier geht es um die Frage: Für wen schaffe ich mit meinem Angebot einen Wert? Wie sehen meine wichtigsten Kunden aus? Das geht über Personas (Gruppen von Nutzern mit bestimmten Eigenschaften und Nutzungsverhalten) oder Kundensegmente.

2. Nutzenversprechen oder Value Proposition
Zu jedem Kundensegment gehört ein passendes Nutzen- oder Wertversprechen. Es sollten Fragen beantwortet werden wie: Für welche Probleme erwarten diese Kunden eine Lösung? Was sind ihre Pain Points? Welchen Nutzen beziehungsweise Mehrwert kann ich bieten? Und denken Sie daran, diese Fragen für alle Kundensegmente zu beantworten.

Value Proposition Canvas (VPC)

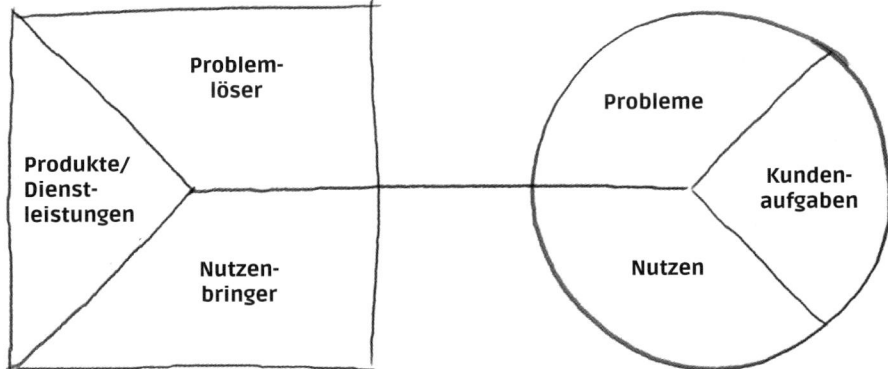

Exkurs: Value Proposition Canvas (VPC)

Dieses Tool ist Teil des BMC und wird auch in Form einer Leinwand darge-stellt. Man kann es unabhängig von dem BMC verwenden. Es kommt zum Beispiel bei der Entwicklung von neuen Ideen, Konzepten, Produkten und Dienstleistungen zum Einsatz. In diesem Canvas wird auf der einen Sei-te der Kunde analysiert und auf der anderen Seite davon abgeleitet die Anforderungen an das Produkt oder die Dienstleistung. Das Modell un-terstützt dabei, die Pain Points der Kunden zu erkennen und damit die Anforderungen an ein Produkt oder eine Dienstleistung zu konkretisie-ren. Der Fokus des VPC ist auf den Nutzen und den Wert gerichtet, den der Kunde aus einem Produkt oder einer Dienstleistung zieht. Es geht darum herauszufinden, welche Aufgaben der Kunde hat, welche Schwierigkeiten dabei auftreten und wie das Produkt/die Dienstleistung aussehen muss, das/die ihm die Lösung seiner Aufgaben leicht macht. Dafür werden die Kundensegmente systematisch analysiert. Die so gewonnenen Erkennt-nisse werden am Ende mit dem BMC verbunden.

3. Kanäle

Hier geht es um den Kundenkontakt, letztlich um Kommunikation und Vertrieb oder die Customer Journey: Auf welchem Weg und über wel-che Kanälen erreichen Sie Ihre Kunden? Welche Kanäle funktionieren für welche Kunden am besten? Welchen Nutzen bieten Sie an den einzelnen Touchpoints?

4. Kundenbeziehung

Wie wollen Sie die Beziehung zu Ihren Kunden pflegen? Welche Art von Beziehung streben Sie an, und wie wollen Sie sie aufbauen, pflegen und erweitern? Eine Frage, die hier ebenfall wichtig ist: die Kompatibilität zwischen der Art der Kundenbeziehungspflege und dem Geschäfts-modell. Es muss passen.

5. Einnahmequellen

Hier sollten Sie klären, wie Sie mit dem Geschäftsmodell Einnahmen erzielen möchten. Das umfasst auch einen Blick auf den Wettbewerb. Aber in erster Linie müssen Sie klären, für welchen Nutzen Ihre Kunden wie viel zu bezahlen bereit sind. Verfügen Sie über mehrere Einnahmequellen, sollten Sie versuchen, deren prozentualen Anteil an den Einnahmen zu schätzen.

6. Schlüsselressourcen

Was brauchen Sie, um den Kundennutzen erfüllen zu können? Welche sind die wichtigsten Ressourcen? Denken Sie dabei nicht nur an die Produktion, sondern auch an Vertrieb, Marketing, Kundenpflege etc. Hierher gehört alles, was Kosten verursacht.

7. Schlüsselaktivitäten

Was ist nötig, um das Produkt herzustellen und zum Kunden zu bringen? Schlüsselaktivitäten, Nutzenversprechen und Schlüsselressourcen können nur im Zusammenhang betrachtet werden.

8. Netzwerk und Partner

Hier geht es um Lieferanten und Partner. Alle Tätigkeiten, die nicht zu den Kernkompetenzen eines Unternehmens zählen, sollten an externe Partner abgegeben werden. Welche Partner sind dafür geeignet? Nichts spart schneller Kosten, als nicht wertschöpfende Tätigkeiten auszulagern.

9. Kostenstruktur

Dieser Baustein ist im Grunde genommen ein kleiner Finanzplan. Hierher gehören die Kosten für alle Prozesse, für externe Leistungen – für alles, was Sie brauchen, um Ihre Leistung zu erstellen und zu vertreiben.

Jeder Baustein muss sorgfältig befüllt werden, und zwar in der oben aufgestellten Reihenfolge. Wenn Sie einen BMC vor sich sehen, wird Ihnen die Aufgabe, sie zu befüllen, einfach erscheinen, doch das ist es nicht. Die meisten Teams brauchen mehrere Anläufe, bis der BMC zu ihrer Zufriedenheit ausfällt. Das ist nicht weiter schlimm, denn mit jeder Version gewinnen Sie größere Klarheit über Ihre Idee/Ihr Geschäftsmodell. In manchen Unternehmen wird der BMC übrigens auch in der Projektarbeit genutzt.

Mehr zum Thema unter ☐ *startup-code.de/business-model-canvas*

Customer Development

Diese Vorgehensweise beim Aufbau eines Startups geht auf das <u>Buch „The Startup Owner's Manual" (Das Handbuch für Startups)</u> ☐ der US-Autoren Steve Blank und Bob Dorf zurück. Ihr Buch verbindet den Lean-Ansatz, Prinzipien des Customer Development sowie Konzepte wie Design Thinking und Rapid Prototyping zu einem umfassenden Vorgehensmodell, mit dem sich aus Ideen und Innovationen tragfähige Geschäftsmodelle entwickeln lassen. An nordamerikanischen Hochschulen ist das Buch das Standardwerk für die Startup-Gründung, doch auch für Corporate Startups und Spin-offs ist es eine ideale Lektüre.

☐ *startup-code.de/handbuch-startups*

Customer Development ist ein Prozess, in dem die Suche nach dem Geschäftsmodell organisiert wird. Im Kern ist Customer Development wunderbar einfach: Es gewinnen Produkte, die von Gründern entwickelt werden, die früh und oft mit ihren Kunden in Kontakt treten. Customer Development begreift die Mission des Startups als einen unnachgiebigen Kampf um eine Verfeinerung seiner Vision und seiner Idee. Alle Aspekte des Geschäftsmodells, die während dieser Suche nicht validiert werden können, werden geändert.

Eigentlich besteht der Customer-Development-Prozess aus vier Schritten; dabei dienen die ersten beiden Schritte (Customer Discovery/Kundenentdeckung und Customer Validation/Kundenvalidierung) dazu, das Geschäftsmodell zu „suchen", die Schritte drei und vier (Customer Creation/Kundenaufbau und Company Building/Unternehmensaufbau) führen das Geschäftsmodell aus, das entwickelt, getestet und in den Schritten eins und zwei bewiesen wurde. Customer Development stellt sicher, dass der Aufbau des Unternehmens erst dann stattfindet, wenn sichergestellt ist, dass es für das Produkt oder die Dienstleistung, die die Gründer anbieten möchten, auch Kunden gibt, die bereit sind, dafür zu bezahlen.

Durch die Schleife aus Test – Kundenfeedback/Validierung – Lernen – Test – Kundenfeedback/Validierung usw., die beliebig oft wiederholt werden kann, wird nicht nur das finanzielle Risiko im Zaum gehalten, sondern es wird dafür gesorgt, dass das junge Unternehmen nicht mit einem Produkt auf den Markt geht, das niemand haben will, und letztlich daran scheitert, dass es keinen Markt gibt.

Mehr zum Thema unter ⬀ *startup-code.de/customer-development*

Tipp: Lesen Sie das Buch von Blank und Dorf, oder besser: Arbeiten Sie damit! Es ist nicht zuletzt durch seinen Anhang wertvoll, in dem es eine Schritt-für-Schritt-Anleitung für den Aufbau eines Web-Startups gibt, Checklisten und als besondere Zugabe Fallstudien aus dem deutschsprachigen Raum, darunter „AutoScout24 Elektro" und „car2go".

Design Thinking

Design Thinking eignet sich als Methode, um komplexe Probleme zu lösen und innovative Ideen zu gestalten. Die Methode orientiert sich an der Arbeit von Designern und vereint Elemente wie den iterativen Gestaltungsprozess, Techniken zur disruptiven Innovation von Produkten und Timebox-basierte Teamarbeit. Kern der Design-Thinking-Methode ist das konsequente Einbeziehen der Kundenbedürfnisse und die nutzerzentrierte Denkweise entlang der kompletten Projektphase, um ganzheitliche Lösungsansätze zu entwickeln.

Dr. Oliver Böpple von Ellacon, Experte im Bereich kreative Innovationsmethoden, fasst seine Erfahrungen und die Vorteile des Design Thinking zusammen: „Im Jahr 2009 habe ich den Ansatz des Design Thinking kennengelernt, und es fiel mir sehr schnell auf, welche enormen Vorteile und Potenziale diese Arbeitsweise im Vergleich zu vielen klassischen Vorgehensweisen hat: besser mit unterschiedlichen Fachdisziplinen zusammenzuarbeiten, die Anforderungen des Kunden als Startpunkt für Lösungen zu verwenden und möglichst schnell zu lernen, was beim Kunden ankommt und was nicht. Seitdem habe ich mein Fachwissen immer mehr mit agilen Arbeitsweisen wie User-Centered Design, Design Thinking, Scrum oder Lean Startup angereichert. Bis heute versuche ich in jedem Projekt die sogenannte Kundenzentrierung anzuwenden und sehe immer noch enorm viel Potenzial, durch Arbeitsweisen wie Design Thinking bessere Ergebnisse zu erzielen, am liebsten in innovativen Themenfeldern."

Design Thinking setzt auf interdisziplinäre Teams aus verschiedenen Abteilungen und Hierarchieebenen, Visualisierung und einen klar umrissenen Prozess zur Ideenfindung. Idealerweise steht den Teams für ihre Arbeit eine kreativitätsfördernde Umgebung zur Verfügung: flexible Möbel, viel Platz an den Wänden und das geeignete Material, um neue Ideen zu visualisieren, sowie Rückzugsräume. Der Prozess setzt sich aus den Schritten Verstehen, Beobachten/Erforschen, Synthese, Ideenfindung, Prototyping und Testen zusammen. Letztlich geht es darum zu erkennen, ob eine Idee die Bedürfnisse der Nutzer/Anwender bedient, ob sie realisierbar ist und ob sie zu einem angemessenen Preis verwirklicht werden kann. Nur unter Berücksichtigung dieser drei Aspekte entsteht aus einer Idee eine Innovation.

Zunächst geht es darum, das Problem zu verstehen. Dafür wird eine möglichst genaue Frage formuliert, die den Zweck und Nutzen des Projekts definiert, ohne dabei die Lösung zu sehr einzuschränken. Anschließend wird die Perspektive des Nutzers recherchiert, zum Beispiel durch Interviews oder Beobachtungen vor Ort. Aus der Auswertung der Recherchen entsteht die sogenannte Synthese, in der es darum geht, Muster herauszuarbeiten und Gemeinsamkeiten, Oberthemen und Schlagwörter zu finden. Am Ende stehen mögliche Innovationsfelder und Nutzerprofile mit definierten Bedürfnissen.

Nach der klassischen Brainstorming-Methode werden möglichst viele Ideen generiert, die dann selektiert werden. Dabei gilt es herauszuarbeiten, welche Idee dem Nutzer am meisten helfen würde. Jetzt werden erste Prototypen erstellt und anschließend getestet, denn erst die Anwendung zeigt den Wert einer Idee. Die Idee wird so immer weiter verfeinert. Dann erfolgen Tests und Feedbackschleifen mit Nutzern. Die Reaktion der Nutzer macht schnell deutlich, ob es eine Idee wert ist, weiterverfolgt zu werden, oder nicht. Aus dem Dialog entstehen nicht nur Verbesserungen, sondern häufig sogar neue Ideen.

Design Thinking funktioniert nur mit einer absoluten Ergebnisoffenheit und einer positiven Fehlerkultur. Jeder Fehlschlag ist ein Gewinn, denn wenn ein falscher Weg frühzeitig erkannt wird, können hohe Entwicklungskosten gespart werden. Offenheit gilt auch gegenüber der Abfolge der Schritte, denn es kann durchaus sein, dass Schritte wiederholt werden müssen. Startups machen nichts anderes, wenn sie mit einem Minimum Viable Product auf den Markt gehen und aufgrund des Kundenfeedbacks in die nächste Verbesserungsschleife gehen.

Mehr zum Thema unter ☞ *startup-code.de/design-thinking*

Lean-Startup-Methoden sind allerdings nicht die eierlegende Wollmilchsau, die alle Probleme löst. Sie sind nicht immer geeignet, und ob sie überhaupt geeignet sind, hängt davon ab, was Ihr Ziel ist. Wenn es um das nächste Modell des VW Golf geht, ist die Vorgehensweise nach dem klassischen Wasserfallmodell durchaus angebracht, denn man kennt bereits den Markt und den Kunden. „Eine solche Entwicklung ist wie ein Puzzle – die einzelnen Teile gibt es schon.

Wenn jetzt VW aber hergehen würde und einen neuen Mobility Service beginnen wollte, dann wären Lean-Methoden durchaus angebracht. Hier geht es nicht darum, ein Puzzle richtig zusammenzusetzen, sondern um ein Rätsel. Man kennt die Kunden nicht, weiß nicht, welche Anreize die richtigen sind", sagt Högsdal. Agile Methoden sind hier also nützlich. Will man eine Lidl-Filiale abreißen und neu aufbauen, braucht man bei der Planung keine agilen Methoden, denn die Bedingungen am Standort sind bekannt. Es geht immer darum, die Werkzeuge richtig einzusetzen. Lean-Methoden eignen sich vor allem für neue digitale Geschäftsmodelle. Ebenso nützlich sind Startup-Werkzeuge, wenn es darum geht, mit einem traditionellen Konzept an neue Kunden heranzukommen oder ein neues Nischenprodukt zu etablieren.

Loop oder Wasserfall?

Der Wasserfall ist sozusagen das Gegenstück zur agilen Entwicklung. Er ist ein Vorgehensmodell, das in der Industrie gewissermaßen Standard ist. Man entwickelt Produkte oder Dienstleistungen linear, sequenziell, in aufeinanderfolgenden Stufen. Das gesamte Produkt mit all seinen Funktionen wird bereits im Vorfeld spezifiziert (Pflichtenheft). Jede Stufe des Wasserfalls wird von einem anderen Team bearbeitet, um größere Kontrolle über das Produkt und die Einhaltung der Fristen zu erreichen. Nachteil dieser Vorgehensweise: Manchmal werden mit hohen Kosten Produkte entwickelt, die niemand oder nur wenige Kunden haben möchten und die dann mit weiteren hohen Kosten in den Markt „gedrückt" werden müssen.

Die Startup-Methode, die agile Methode ist der Loop: eine Feedbackschleife, die Entwicklung vom Kunden aus betreibt. In Kapitel 1 haben wir Ihnen den Loop bereits vorgestellt. Erinnern Sie sich an Build – Measure – Learn? Das ist nichts anderes als der Loop. Ein Produkt oder eine Dienstleistung wird als Minimum Viable Product (MVP) möglichst schnell und noch unvollkommen auf den Markt gebracht. Aus dem Feedback der Kunden werden Rückschlüsse für die weitere Produktentwicklung und mögliche Veränderungen gezogen. Das überarbeitete Produkt wird wieder getestet, auf den Markt gebracht, der Erfolg gemessen, Kundenfeedback eingeholt – dieser iterative Prozess wiederholt sich so lange, bis das Produkt den Anforderungen des Marktes entspricht und von den Kunden als Problemlöser und Bedürfniserfüller angenommen wird.

A fool with a tool is still a fool

Letztlich geht es vor allem darum, die Fähigkeiten und Werkzeuge zu kennen, die es gibt und die man braucht. Dann ist es auch gar nicht so schwierig, Startup-Methoden in etablierten Unternehmen zu verankern. „Vor allem die Führungskräfte müssen erkennen, wann man welche Technik einsetzen kann. Denn: a fool with a tool is still a fool", sagt Högsdal. „Für Führungskräfte ist es unabdingbar, die Methoden in der Tiefe zu verstehen, Ziele und Projekte entsprechend zu entwickeln." Die Mitarbeiter einzubinden ist normalerweise kein Hexenwerk. Ingenieure zum Beispiel sind klassisches wissenschaftliches Arbeiten gewohnt. Versuche und Testreihen sind für sie nichts Ungewöhnliches.

„Bei Design Thinking und nahen Gebieten wie Lean Startup geht es vor allem um die Ausbildung einer neuen Denkweise, einer neuen geistigen Grundhaltung und weniger um alten Wein in neuen, agilen Schläuchen. Von Innovationsinitiativen oder Corporate-Startup-Programmen mit grauhaarigen ‚Innovation Coaches' und klassischen Unternehmensberatern, die agile Arbeitskultur predigen, kann ich nur abraten", warnt Böpple. „Hier finden sich zum Großteil Denkweisen, die geprägt sind von hierarchischen, linearen Merkmalen, oder nennen wir es Old Economy – der Gegensatz zur offenen, agilen, iterativen Arbeitskultur des Design Thinking oder von Berlin-Kreuzberg. Es fehlt häufig an konkreten eigenen (Projekt-)Erfahrungen der agilen Innovationsarbeit. Infolgedessen erleben wir immer wieder bei unseren Kunden, dass das Potenzial von Design Thinking nicht genutzt wird."

Das eigentliche Problem beim Einsatz der neuen Tools liegt jedoch oft nicht in der Unfähigkeit von Führungskräften oder Beratern, entsprechende Methoden einzusetzen, sondern in fehlenden Kapazitäten.

Kapitel 7

Der Startup Code für frischen Wind im Unternehmen

»*Jedes Ding erscheint zuerst lächerlich,*
dann wird es bekämpft,
schließlich ist es selbstverständlich.«
Arthur Schopenhauer

In diesem Kapitel finden Sie die Essenz meiner Erfahrungen, die ich in diesem Buch zusammengefasst habe. Alles, was Sie hier lesen, ist Ihnen schon bekannt, weil es in den vorherigen Kapiteln ausführlich behandelt wurde. Der Code beschreibt die wichtigsten Prinzipien, um Veränderungen in etablierten Organisationen anzustoßen und gleichzeitig Unternehmertum im Unternehmen zu verankern. Mitarbeiter und Führungskräfte können damit ein neues Mindset entwickeln, das es erlaubt, das Unternehmen agiler, schneller und veränderungsbereiter zu machen. Denn letztlich ist das Ziel der digitalen Transformation nicht, der Entwicklung hinterherzulaufen, sondern Teil von ihr zu sein oder noch besser: sie mitzubestimmen und zu gestalten. Wenn es gelingt, den Code mit seinen sieben Punkten im Unternehmen zu verankern und tatsächlich zu leben, sind das die besten Voraussetzungen für eine erfolgreiche Zukunft in der digitalen Welt.

Es geht um den Menschen

Sie sollten nie vergessen, dass die digitale Transformation ein riesiges Veränderungsprojekt ist. Das bedeutet letztlich, dass es um Menschen geht, um diejenigen, die die Veränderung vorantreiben, und um diejenigen, die sie mittragen und umsetzen sollen. Keine Veränderung kann ohne die Mitarbeiter gelingen. Sie sind es, die am Ende überzeugt und begeistert sein müssen, denn jede Strategie – sei sie für ein analoges oder ein digitales Geschäftsmodell – wird von den Mitarbeitern umgesetzt.

Doch Veränderung ist nichts, was uns leichtfällt. In den traditionellen Unternehmen gibt es festgelegte Abläufe, Prozesse und Zuständigkeiten. Die meisten Mitarbeiter haben sich damit eingerichtet – es geht ihnen gut damit. Sie werden zunächst keine Lust verspüren, das Gewohnte für etwas Unbekanntes aufzugeben, zumal nicht alle die Dringlichkeit erkennen werden. Deshalb ist es die oberste Aufgabe der Geschäftsführung, die Dringlichkeit zu erklären, Bilder einer guten Zukunft zu zeichnen und die Veränderung voranzutreiben.

»*Ich habe eine Vision von glücklichen Menschen. Wenn ich mal Großvater bin, will ich meinen Enkeln erzählen können, wie das in unserem Familienunternehmen gelungen ist.*«

Bodo Janssen, Geschäftsführer der Hotelkette Upstalsboom

1. Stelle das Warum an den Anfang

Finanziell waren die Gebrüder Wright ihrem Konkurrenten Langley im Wettstreit um die Erfindung des ersten motorisierten Fluggeräts weit unterlegen. Angetrieben durch ihr starkes Warum, inspirierten sie jedoch die Menschen in ihrem Umfeld zur Mithilfe und schrieben Geschichte.

Menschen müssen und wollen in ihrem Tun einen Sinn sehen. Nur der Sinn macht es eine Aufgabe wert, also auch die Arbeit, sich dafür einzusetzen. Für jemand anderen (den Unternehmer) Geld zu verdienen ist keine sinnvolle Aufgabe. Und auch für sich selbst Geld zu scheffeln ist nur begrenzt sinnvoll. Beides ist kein ausreichender Antrieb, um sich jeden Tag zu engagieren. Mit Herzblut dabei ist man nur aus Liebe oder weil man einer kraftvollen Vision folgt. Denken Sie an Thomas Edison, der angeblich für seine Glühbirne rund 9.500 kleine Kohlefäden ausprobierte, bis er denjenigen fand, der die Glühbirne dauerhaft zum Leuchten brachte. Ohne eine Vision hätte er spätestens nach dem 20. Versuch aufgegeben, aber er hatte die Vorstellung eines beleuchteten New York, einer beleuchteten Welt. Oder was ist mit den Künstlern, die wie besessen malten und jahrelang keinen müden Cent mit ihrer Kunst verdienten? Was hat sie angetrieben? Vincent van Gogh hat über 840 Gemälde und um die 1.000 Zeichnungen angefertigt und konnte doch nur ein Bild zu Lebzeiten verkaufen. Warum hat PayPal-Mitgründer Max Levchin nicht aufgegeben, nachdem sein erstes Unternehmen gescheitert war?

Stellen Sie sich folgende Fragen:

- Was treibt Sie persönlich an?
- Warum sind Sie Unternehmer, oder warum wollen Sie ein Unternehmen gründen?
- Was ist Ihre Vision?
- Warum gibt es Ihr Unternehmen?
- Was macht ausgerechnet Ihr Unternehmen attraktiv für Mitarbeiter, Kunden und andere Partner?

Hinter der Frage nach dem Warum steckt natürlich auch die Frage nach dem Nutzen, den Ihr Unternehmen seinen Mitarbeitern, Kunden und vielleicht der Gesellschaft, der Welt bieten kann. Setzen Sie sich nicht an den grünen Tisch, um eine Vision zu entwerfen, und überlassen Sie es auch nicht einer Werbeagentur, einen flotten Spruch zu entwickeln. Zunächst einmal ist es eine Frage, die der Unternehmer oder die

Geschäftsführung beantworten muss. Je persönlicher die Vision ist, desto weniger wird sie angezweifelt. Steve Jobs war laut zahlreichen Berichten kein guter Vorgesetzter, aber allen Mitarbeitern war klar: Dieser Mann folgt einer großen Vision, und er setzt sich mit jeder Faser dafür ein, dass sie Wirklichkeit wird.

Ihre Vision, Ihren Antrieb, das Warum Ihres Unternehmens müssen Sie kommunizieren – nach innen und nach außen, denn nicht die Funktionen oder die Technologie entscheiden letztlich darüber, ob wir etwas kaufen oder nicht, sondern unser „Bauch". Erinnern Sie sich an den „Golden Circle" von Simon Sinek aus Kapitel 4? Sinek ist überzeugt – und ich stimme ihm da zu –, dass wir nicht aufgrund rationaler Überlegungen eine Kaufentscheidung treffen, sondern weil wir denen, die das Produkt anbieten, vertrauen.

Andere sagen, wir vertrauen der Marke. Am Ende läuft es auf dasselbe hinaus: Wir wollen etwas haben, nicht weil es funktional und technologisch betrachtet überragend und viel besser ist als alle Konkurrenzprodukte, sondern weil es uns emotional überzeugt. Also: Bauen Sie Ihre Kommunikation nicht darauf auf, was Sie machen und wie Sie es machen, sondern warum Sie es tun. Das Warum kommt immer zuerst und ist das Wichtigste.

>»Wer keine Vision hat, vermag weder große
  Hoffnung zu erfüllen noch große Vorhaben
  zu verwirklichen.«

Thomas Woodrow Wilson, 28. Präsident der USA

2. Suche die Wahrheit außerhalb des Unternehmens

Der Wechsel des Blickwinkels führt häufig zu überraschenden Erkenntnissen. Viel zu häufig suchen wir die Antworten auf wichtige Fragen im eigenen Unternehmen, bei den eigenen Mitarbeitern. Die Wahrheit jedoch, liegt beim Kunden.

Ich bin zutiefst davon überzeugt, dass Steve Blank und Bob Dorf uns auffordern, unsere Büros zu verlassen und vor Ort beim Kunden nach Problemen zu suchen, die wir lösen können. Woher wollen wir wissen, welche Bedürfnisse unsere Kunden haben, mit welchen Problemen sie sich herumschlagen, wenn wir komfortabel im Büro sitzen und uns überlegen, wie wir unser erfolgreiches Produkt noch ein bisschen schöner machen könnten, damit sich der Kunde das neueste Modell kauft? Oft entwickeln und planen wir Dinge, die zwar „nice to have" sind, aber nicht wirklich bahnbrechend. Dem Kunden entlocken wir so kein „Wow" – er winkt ab. Wir entwickeln Apps, die keiner braucht, verlieren uns im Detail eines Schräubchens, und draußen braust das Leben vorbei.

Wir müssen die alten Regeln und Denkweisen, die uns daran hindern, wirklich bahnbrechende Produkte oder Dienstleistungen zu entwickeln, über Bord werfen. Egal ob es um ein neues Produkt oder ein neues Geschäftsmodell geht: Es muss immer vom Kunden her gedacht werden. Es geht nicht darum, wie Sie sich das ideale Produkt vorstellen, sondern darum, dem Kunden die ideale Lösung für sein Problem zu bieten.

Bevor Sie der Produktentwicklung eine Funktionsliste mit der Zusammenfassung aller (vermeintlichen) Kundenanforderungen übergeben, sollten Sie diese erst einmal kennen. Und so wie sich Kunde und Markt verändern, muss sich auch Ihr Geschäftsmodell verändern. Es ist nicht für die Ewigkeit.

Doch was bedeutet das, wenn Sie bereits ein Unternehmen, einen Markt und Kunden haben? Sie kennen Ihre Kunden und deren Geschäft. Häufig sind Sie tief in die Entwicklungen beim Kunden eingebunden – was also können Sie aus dieser Aufforderung mitnehmen? Für Sie geht es darum, in der Produktentwicklung agiler und schneller zu werden und rascher auf den Markt zu kommen. Das können Sie nur mit dem Kunden – weg von der langwierigen, kostenintensiven Entwicklung eines perfekten Produkts hin zu einem Produkt mit Kernfunktionen, das durch das Feedback am Markt vervollkommnet wird.

Das gilt ganz besonders, wenn Sie sich auf die digitale Schiene wagen und ein neues Geschäftsmodell etablieren möchten. Und Sie haben einen entscheidenden Vorteil: Sie kennen bereits die Kunden, die Sie darauf ansprechen können. Sie tun sich viel leichter als ein Startup, das noch völlig ohne Markt dasteht, denn viele Ihrer Kunden werden Ihnen einen Vertrauensvorschuss geben und ein neues Produkt für Sie testen.

Stellen Sie sich folgende Fragen:

- Kennen Sie Ihre Kunden persönlich?

- Sind Sie darüber informiert, welchen Problemen sich Ihre Kunden gegenübersehen?

- Wissen Sie, welche Ihrer Kunden besonders aufgeschlossen gegenüber neuen Ideen sind, und sind diese Kunden bereit, mit Ihnen in den Dialog zu treten?

- Diskutieren Sie mit Kunden und anderen Partnern über neue Lösungen für die Branche, Ihre Kunden?

- Wer pflegt bei Ihnen die Kundenkontakte – der Vertrieb und der Service, oder gibt es auch regelmäßige Kontakte zu Geschäftsführung und Entwicklung?

- Nehmen Sie oder/und Ihre Mitarbeiter an Veranstaltungen, Netzwerkorganisationen teil? Haben Sie eigene Veranstaltungsformate entwickelt?

- Sind Ihre Mitarbeiter über neue Entwicklungen in der Branche und am Markt informiert?

Ich möchte Sie noch auf einen weiteren Aspekt hinweisen: Die digitale Transformation funktioniert nur äußerst selten von innen heraus. Also bedeutet das Büro zu verlassen auch, sich in Netzwerke zu begeben, Veranstaltungen zu besuchen, sich mit anderen auszutauschen. Das gilt nicht nur für die Geschäftsführung, sondern auch für die Mitarbeiter.

Geben Sie ihnen die Möglichkeit, über den Tellerrand hinauszuschauen, sich mit neuen Arbeitsweisen zu befassen und dazuzulernen. Das, was „draußen" in der Branche, am Markt, beim Kunden und in der Welt passiert, darf nicht an den Mitarbeitern vorübergehen.

»Probleme kann man niemals mit derselben Denkweise lösen, durch die sie entstanden sind.«

Albert Einstein

3. Setze um und lerne daraus

Geschwindigkeit schlägt Perfektion. Um in der digitalen Welt erfolgreich zu sein, müssen wir unsere Entwicklungsprozesse radikal neu denken: ausgehend vom Kunden in kleinen, iterativen Schritten.

Im Grunde genommen geht es hier um die Lean-Startup-Methoden. Sie machen eine Organisation schneller und agiler. Festgelegte Verfahren und Prozesse, Bürokratie und Hierarchien in Unternehmen machen sie langsam. Ein erster Schritt ist es, Arbeitsweisen und -methoden so zu verändern, dass mehr Schnelligkeit und Agilität möglich sind. Auch wenn man über eine technologische Lösung für ein Problem verfügt und dafür weitere Einsatzszenarien finden möchte, ist es sinnvoll, mit Lean-Methoden arbeiten.

Ebenso nützlich sind Startup-Werkzeuge, wenn es darum geht, mit einem traditionellen Konzept an neue Kunden heranzukommen oder ein neues Nischenprodukt zu etablieren. Bei der Disruption geht es nicht um ein Puzzle, dessen Teile man lediglich neu zusammensetzen muss, sondern um ein Rätsel, um etwas ganz und gar Neues und Unbekanntes, über dessen Lösung man noch nichts weiß.

Wenn wir davon ausgehen, dass Sie ein Projekt haben, bei dem der Einsatz von Startup-Werkzeugen sinnvoll und erwünscht ist, lässt sich die Vorgehensweise in wenigen Punkten zusammenfassen:

- Suchphase statt Planphase
- Build – Measure – Learn (Loop)
- Scheitern akzeptieren
- nicht zu früh skalieren
- nicht nach Perfektion streben
- Lernen im Tun – Minimum Viable Product (MVP)

Diese wenigen Punkte haben es in sich, denn sie bedeuten letztlich, dass Sie den gewohnten geradlinigen Ablauf Ihrer Produktentwicklung verlassen und stattdessen den Weg von Versuch und Irrtum gehen müssen. Die gute Nachricht: Sie sparen Ressourcen, sind schnell am Markt und haben am Ende ein Produkt, das vom Kunden her gedacht und entwickelt wurde.

Die Build-Measure-Learn-Feedbackschleife ist das Grundprinzip der Lean-Startup-Methode: Damit wird eine Geschäftsidee, ein Produkt oder eine Dienstleistung gestaltet und schnellstmöglich auf den Markt gebracht. Aus dem Feedback der ersten Kunden (Innovatoren und Early Adopter) werden Rückschlüsse für die weitere Produktentwicklung und mögliche Veränderungen gezogen.

Die entscheidende Rolle spielt dabei das Minimum Viable Product (MVP), das als Prototyp über die wichtigsten Produktmerkmale verfügt. Es sollte das Potenzial des endgültigen Produkts zeigen und die ersten Nutzer zu Kritik und Verbesserungsvorschlägen animieren. Auf diese Weise kann das Produkt immer weiter verbessert und den Kundenwünschen angepasst werden. Diese Schleife kann beliebig oft wiederholt werden, so lange, bis das Produkt den Anforderungen des Marktes entspricht.

Wenn Sie nach dieser Methode entwickeln, ist Scheitern systemimmanent. Irgendwann kommt der Punkt, an dem der Unternehmer entscheiden muss, ob er fortfährt oder einen völlig neuen Ansatz versucht. Die Frage, die es zu beantworten gilt, lautet: Machen wir ausreichend Fortschritt, um zu belegen, dass unsere ursprüngliche strategische Annahme korrekt ist, oder müssen wir grundlegend umdenken?

Entscheidet man sich für einen radikalen Schnitt, wird das Pivot genannt. Die Fähigkeit, sich aufgrund von Ergebnissen für einen Schnitt zu entscheiden, bedeutet, dass man die Veränderlichkeit und Unsicherheit akzeptiert. Es gibt genauso wenig eine unveränderliche Gegenwart wie ein Geschäftsmodell, das so wie früher für die nächsten 20 oder 30 Jahre taugt.

Die Annahmen, die wir heute treffen, können schon morgen falsch sein; deshalb empfiehlt es sich, das Geschäftsmodell immer wieder auf den Prüfstand zu stellen, denn das Beste von heute ist nicht unbedingt das Beste von morgen.

Stellen Sie sich folgende Fragen:

- Sind Ihre Führungskräfte und Mitarbeiter mit der Lean-Startup-Methode und ihren Elementen vertraut? Bieten Sie Weiterbildungen an?

- Gibt es bei Ihnen Projekte, in denen Lean-Startup-Methoden angewendet werden oder angewendet werden könnten?

- Was hält Sie davon ab, neue Methoden und Arbeitsweisen auszuprobieren?

- Welche Vorbehalte gibt es in der Belegschaft und bei den Führungskräften?

- Werden die Mitarbeiter, die mit neuen Methoden arbeiten, durch Weiterbildung und Coaching begleitet?

- Wird die Zufriedenheit der Mitarbeiter mit den neuen Methoden gemessen? Was sagen die Mitarbeiter?

- Wie wecken Sie das Interesse für die neuen Methoden bei den Mitarbeitern, die noch nicht damit arbeiten?

Eines sollte klar sein: Nach dem Prinzip Build – Measure – Learn zu arbeiten bedeutet keinesfalls, Erfolg oder Misserfolg nicht zu messen – vergessen Sie „Measure" nicht. Wenn zum Beispiel bei einem Onlinegeschäft die Registrierungsrate zu niedrig oder/und die Absprungrate zu hoch ist, muss in der Learn-Phase nachjustiert und im Zweifelsfall sogar das gesamte Projekt beerdigt werden.

»Wirklich innovativ ist man nur, wenn hin und wieder etwas danebengeht.«
Woody Allen

4. Betrachte Fehler als Chance

Viele der größten Entdeckungen, Expeditionen und Abenteuer der Menschheitsgeschichte resultierten aus einem Fehler oder Irrtum. Nur wer das Scheitern in Kauf nimmt und sich in unbekannte Gewässer begibt, kann Großartiges erreichen.

Wer Neues ausprobiert, wird zwangsläufig Fehler machen. Tatsächlich basiert das Lean-Startup-Konzept ja auf Versuch und Irrtum. In deutschen Unternehmen sind Fehler jedoch normalerweise mehr als unbeliebt. Sie „dürfen nicht passieren", werden aus diesem Grund meistens totgeschwiegen und unter den Tisch gekehrt oder sanktioniert. Der eine oder andere Vorgesetzte heftet die eigenen Fehler seinen Mitarbeitern ans Revers, weil er um die eigene Karriere fürchtet; Mitarbeiter versuchen häufig, Fehler zu vertuschen oder sie anderen in die Schuhe zu schieben, weil sie Angst vor Sanktionen haben.

Dieses Verhalten führt mitunter dazu, dass Projekte weitergeführt werden, die sich längst als Irrtum erwiesen haben und am Ende zwar viel Geld kosten, aber nichts bringen. Doch unser falscher Umgang mit Fehlern führt lediglich dazu, dass wir Zeit und Ressourcen verschwenden und nichts dazulernen.

Dabei können Fehler so nützlich sein. Jedes Mal, wenn wir einen Fehler machen, haben wir die Chance, daraus zu lernen und es künftig besser zu machen. Fehler sind nur dann schlimm, wenn sie immer wieder wiederholt werden. Genau das kann aber passieren, wenn niemand einen Fehler zugibt, wenn wir über Fehler nicht sprechen und Fehler als Makel für die Karriere betrachten.

Fehler nicht als Teil des Lernprozesses zu betrachten ist ebenso schädlich wie die Stigmatisierung des Scheiterns. Warum wohl gibt es in Deutschland im Vergleich zu anderen Ländern so wenige Neugründungen von Unternehmen? Genau: Wer einmal scheitert, dem vertraut man hierzulande nicht mehr.

In Prof. Dr. Andreas Kuckertzs Studie „Gute Fehler, schlechte Fehler" zeigen sich bei der Frage, ob man Geschäftsbeziehungen zu einem gescheiterten Unternehmer eingehen sollte, starke Vorbehalte. Zwar haben gescheiterte Unternehmer nach Ansicht der Befragten eine zweite Chance verdient, aber über 40 Prozent geben zu, dass sie beim Bestellen von Waren Vorbehalte gegen einen bereits gescheiterten Unternehmer hätten.

Ebenfalls knapp 40 Prozent sind sich nicht sicher, und nur ein Fünftel hat eher keine oder gar keine Vorbehalte. Dagegen gilt in den USA ein einmal gescheiterter Unternehmer als guter Unternehmer, wenn er wieder aufsteht und es noch einmal versucht. Er hat in den Augen seiner Landsleute Nehmerqualitäten und hat viel gelernt. Beim nächsten Versuch wird er es besser machen.

Stellen Sie sich folgende Fragen:

- Wie wird in Ihrem Unternehmen mit Fehlern umgegangen? Werden Sie verschwiegen, vertuscht und sanktioniert, oder spricht man darüber offen und konstruktiv?

- Geben Ihre Mitarbeiter Fehler zu und versuchen, es beim nächsten Mal besser zu machen, oder halten sie aus Angst vor Sanktionen den Mund?

- Was muss ein Mitarbeiter befürchten, der einen Fehler gemacht hat?

- Werden bei Ihnen Dinge ausprobiert?

- Welche Rolle spielt in Ihrem Unternehmen Perfektion?

- Wie gehen Sie mit Ideen um, die zunächst gut aussehen, aber sich später als nicht so gut erweisen?

- Dürfen und wollen Ihre Mitarbeiter Verantwortung übernehmen?

Unsere negative Haltung zu Fehlern rührt aus unserer Tradition der preußischen Genauigkeit und unserem Hang zu Qualität, Perfektion und Effizienz. Wir hängen einem mechanistisch geprägten Weltbild an, in dem für Versuch und Irrtum kein Platz vorgesehen ist. Doch wir müssen akzeptieren, dass sich die Welt immer schneller dreht, sich die

Märkte in immer höherem Tempo verändern und keine Zeit für Perfektion bleibt, zumindest dann nicht, wenn wir neue Märkte und Kunden auftun wollen.

In der Startup-Szene sind Formate wie die Fuckup-Nights entstanden, mit denen Fehler und Scheitern ins Bewusstsein der Öffentlichkeit gerückt werden. Falls Sie die Fehlerkultur in Ihrem Unternehmen ins Positive drehen möchten, sollten Sie überlegen, ob solche Veranstaltungen nicht auch im Unternehmen sinnvoll sein könnten. Auf den Fuckup-Nights berichten gescheiterte Gründer von ihren Erfahrungen. Bei einem Fuck-up-Nachmittag könnten im Unternehmen Mitarbeiter/Abteilungen/Gruppen von ihren Fehlern berichten und andere da-durch für eine modifizierte Sichtweise auf Fehler gewinnen. Fehler müssen nicht belobigt werden, aber es sollte die Möglichkeit geben, Fehler zu berichtigen, es beim nächsten Mal besser zu machen – kurz: daraus zu lernen.

»Niemals aufgeben! Unsere größte Schwäche ist das Aufgeben. Der sicherste Weg zum Erfolg besteht darin, immer wieder einen neuen Versuch zu wagen.«

Thomas A. Edison

5. Bevorzuge Zugang vor Besitz

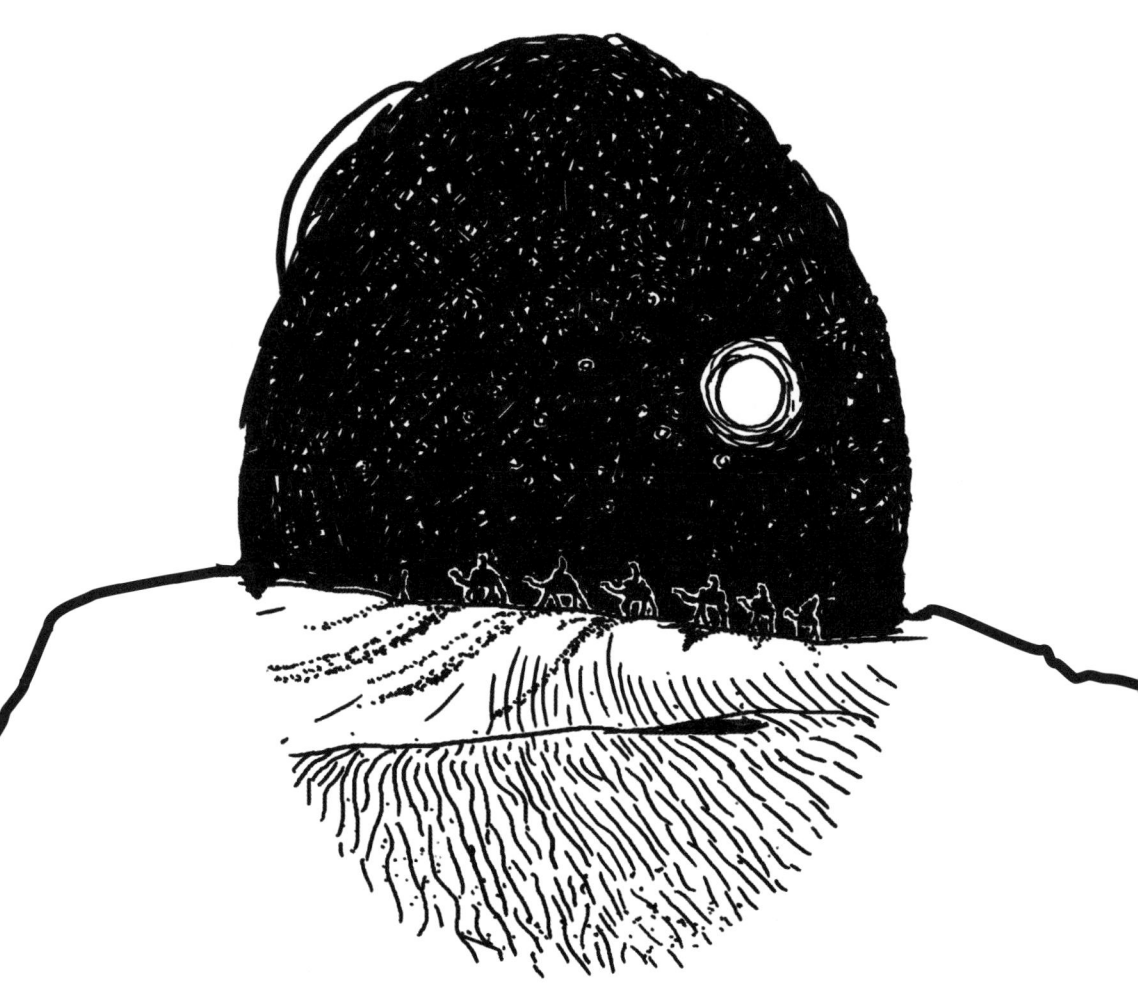

*In der Zukunft werden alle wichtigen Ressourcen im Über-
fluss vorhanden sein – so zahlreich wie Sand und Sterne in
einer trockenen Wüstennacht.*

Sie haben gelesen, wie es die Startups und ExO machen: Sie besitzen in der Regel nur wenig, haben aber den Zugang zum Kunden und sichern sich externe Ressourcen, seien es Know-how, Produktionskapazitäten oder Menschen. Denken Sie an FlixBus – das Unternehmen besitzt keinen einzigen Bus.

Ausnahmen bestätigen die Regel. Startups haben nur wenig finanzielle und andere Ressourcen. Sie kommen gar nicht umhin, auf externe Ressourcen zuzugreifen. Dadurch, dass sie externe Ressourcen nutzen und in Netzwerken arbeiten, können sie mit geringen finanziellen Mitteln viel bewegen.

Nehmen Sie alleine das Beispiel Know-how. Es ist ein Riesenunterschied, ob drei bis zehn Mann ihr Wissen und ihre Erfahrung einbringen oder Hunderte. Auch Wachstum lässt sich für Startups kaum ohne Unterstützung von außen verwirklichen. Und dabei geht es keinesfalls nur ums Geld, um die Finanzierung, sondern auch um die Fähigkeiten und Kompetenzen, die nötig sind. App Stores wären ohne die zahlreichen freien App-Entwickler eine klägliche Sache.

Gehen wir es von Ihrer Seite aus an: Je nachdem wie groß Ihr Unternehmen ist, stehen Ihnen vielleicht ein paar Hundert Entwickler zur Verfügung. Doch verfügen sie über die richtigen Fähigkeiten und Kompetenzen für Ihr neues digitales Geschäftsmodell? Was, wenn am Ende nichts daraus wird? Dann haben Sie vielleicht Leute eingestellt, von denen Sie sich nur unter Schwierigkeiten trennen können. Möglicherweise ist Ihnen auch genau der Spezialist entgangen, weil der nicht auf die Schwäbische Alb ziehen oder nicht nur an einem Projekt arbeiten möchte. Vielleicht fehlen Ihnen genau die Forschungsergebnisse, die ein spezialisiertes Institut an der örtlichen Universität zur Verfügung stellen könnte.

Besitz macht darüber hinaus träge und langsam. Immobilien, teure Produktionsanlagen sind gebundenes Kapital, das sich nur schwer flüssigmachen lässt, wenn Sie neue Projekte angehen wollen. Viele fest angestellte Mitarbeiter sind unter Umständen nicht nur eine Last, sondern auch eine Einschränkung, wenn es darum geht, bekannte Pfade zu verlassen. Mit Freien zu arbeiten heißt ja nicht, ein schlechter Arbeitgeber zu sein. Es liegt an Ihnen, ob Sie für eine gute Leistung einen fairen Preis bezahlen. Bedenken Sie: Früher lag die Halbwertszeit von erlernten Fähigkeiten bei etwa 30 Jahren, heute beträgt sie weniger als fünf Jahre.

Mir ist klar, dass Sie sich nicht von allem trennen können und wollen und dass Sie Verantwortung gegenüber Ihren Mitarbeitern tragen, aber denken Sie bitte ernsthaft darüber nach, externe Ressourcen zu nutzen und in Netzwerken zu arbeiten, damit Sie schneller und besser werden. Wenn Sie eine Digitaleinheit aufsetzen, nehmen Sie Externe dazu. Sie bereichern und bringen neue Ideen ins Unternehmen, die vielleicht auch die altgedienten Mitarbeiter begeistern. Öffnen Sie sich nach außen. Natürlich ist nicht jede Idee gut oder passt zu Ihrem Unternehmen, aber Sie werden eine größere Wahl, mehr Möglichkeiten haben.

Tun Sie nichts, was Sie nicht wirklich gut können. Trennen Sie sich konsequent von nicht wertschöpfenden Tätigkeiten. Suchen Sie sich dafür zuverlässige Partner und Unterstützer. Das spart Ihnen am Ende viel Geld. Und denken Sie daran: Es gibt nichts Wichtigeres als den Zugang zum Kunden. Am Ende ist es der Kunde, der Ihnen Wertschöpfung bringt und die Mitarbeiter bezahlt.

Stellen Sie sich folgende Fragen:

- Wie tief ist Ihre Wertschöpfungskette?

- Von welchen nicht wertschöpfenden Tätigkeiten können Sie sich trennen?

- Welche Tätigkeiten sind essenziell für Ihren Unternehmenserfolg?

- Haben Sie Zugang zu Netzwerken, Instituten etc.?

- Welche Netzwerke können Ihnen dabei helfen, Ihr Geschäft zu entwickeln?

- Welche Kompetenzen haben Ihre Mitarbeiter, welche fehlen?

- Wie sieht das Bild Ihres Unternehmens nach außen aus? Ist es so attraktiv, dass andere Teil Ihres Netzwerks sein möchten?

- Kommunizieren Sie das, was Sie tun, so, dass andere Interesse haben, daran mitzuarbeiten, Teil Ihrer Community zu sein?

Unternehmen, die Teil eines dichten Netzwerks sind, sich in einem Ökosystem aus Konzernen, Ingenieurbüros, Zulieferern und Forschungseinrichtungen bewegen, profitieren alle voneinander und können Aufgaben stemmen, die sie alleine nicht angehen könnten. Letztlich ist auch das Silicon Valley nichts anderes als ein solches Ökosystem, in dem große Unternehmen, Startups, Kreative, Erfinder und Investoren auf engstem Raum zusammenhocken. Sie denken nur größer als die Unternehmen hierzulande.

»Vereinte Kraft ist zur Herbeiführung des Erfolges wirksamer als zersplitterte oder geteilte.«

Thomas von Aquin

6. Stelle den Menschen in den Mittelpunkt

Im Sport demonstriert der Haka-Tanz der neuseeländischen Maori noch bis heute eindrucksvoll die Macht von echtem Teamgeist und Wir-Gefühl. In der Zukunft benötigen wir in unseren Unternehmen echte Kameraden und Weggefährten, keine Mitarbeiter.

Eigentlich eine selbstverständliche Erkenntnis. Die Ideen für Innovation kommen nun mal von Menschen. Es geht also darum, ein Klima zu schaffen, in dem Ideen und Kreativität gedeihen können, und das geht am besten in einem Klima der Freiheit und der Eigenverantwortung. Es mag Menschen geben, die vor einem leeren Bildschirm oder einem leeren Blatt an ihrem Schreibtisch sitzen und sozusagen auf Knopfdruck Ideen haben können, doch das dürften sehr seltene Exemplare der Spezies Mensch sein.

Der Mensch funktioniert in der Regel anders. Um Ideen zu haben, die für das Unternehmen in eine Innovation münden können, bedarf es mehrerer Voraussetzungen: Die Menschen müssen das Geschäft und die Kunden des Unternehmens kennen und verstehen, sich mit anderen austauschen können und die Möglichkeit haben, Dinge auszuprobieren. Zur Weiterentwicklung einer Idee werden Ressourcen benötigt, seien es Geld, Geräte oder Manpower. Und ganz wichtig: Der Mensch braucht einen Antrieb, eine Motivation, doch die kann nicht von außen kommen.

Motivation ist immer intrinsisch. Das bedeutet in der Konsequenz, dass der Mensch immer einen Sinn in seinem Tun sehen muss. Den sieht er aber nicht, wenn er nicht eigenständig handeln kann und nur Erfüller von Vorgaben ist. Die immer gleichen Abläufe, Meetings und Termine verschütten geistige Freiräume und verstellen oft einen unbelasteten Blick auf die Lösung von Aufgaben. Führungskräfte sollten die Mitarbeiter dabei unterstützen, Dinge zu hinterfragen, Grenzen nicht zu akzeptieren, sondern immer wieder über den Zaun zu schauen, Spielmacher zu sein und selbst die Regeln aufzustellen.

In unseren Unternehmen gibt es viele leidenschaftliche, kreative und ideenreiche Mitarbeiter, man muss ihnen nur den entsprechenden Freiraum und die Möglichkeit, sich zu entwickeln, geben. Menschen können sich nur dann nicht entwickeln, wenn man sie daran hindert, durch unsinnige Vorschriften und starre Regeln, die eine offene Denkweise beschränken, die für Innovation nötig ist. Wir müssen uns endlich von den Managementmethoden aus dem vorigen Jahrhundert verabschieden und der Gegenwart und Zukunft angemessene neue Modelle entwickeln. Dafür müssen sich die Methoden der Führenden ändern.

Das Startup-Managementmodell, dieser Code, ist meine Lösung. Es schafft die Grundlage für eine gute Führung, geprägt durch Zugänglichkeit, Zuständigkeit und Zielorientierung. Andere nennen es Vertrauen, Verantwortung, Verbindlichkeit. Es geht immer darum, dass Führungskräfte weder Antreiber noch Kontrolleure ihrer Mitarbeiter sein sollten, sondern eher ein Coach, der mit ihnen gemeinsam ihre Stärken entwickelt und ihre Schwächen auszugleichen versucht.

Stellen Sie sich folgende Fragen:

- Werden Ihre Mitarbeiter in Entscheidungsprozesse eingebunden?

- Haben Ihre Führungskräfte Vertrauen zu sich selbst und zu den Mitarbeitern?

- Dürfen die Mitarbeiter eigenverantwortlich arbeiten?

- Unterstützen Sie die Persönlichkeitsentwicklung Ihrer Mitarbeiter?

- Erhalten Ihre Mitarbeiter konkrete Zielvorgaben, Lob und Anerkennung?

- Können sich Ihre Mitarbeiter weiterentwickeln und werden mit Problemen nicht alleingelassen?

- Schauen sich die Mitarbeiter Fragen, Ideen und Probleme aus anderen Bereichen an und ziehen daraus Erkenntnisse für das eigene Problem?

- Ermutigen Sie die Mitarbeiter, scheinbar allgemeingültige Verfahren, Prozesse und Erfahrung anzuzweifeln?

- Ermutigen Sie die Mitarbeiter, zu experimentieren und zu provozieren?

Für die Innovationskraft eines Unternehmens sind nach neuesten Erkenntnissen übrigens nicht durchdachte Innovationsprozesse, hohe Ausgaben in Forschung und Entwicklung oder viele Verbesserungsvorschläge allein verantwortlich. Für die Innovationskraft eines Unternehmens ist entscheidend, dass in der Chefetage Querdenker sitzen. Querdenkende Chefs sorgen nicht nur für gute Arbeitsbedingungen und unterstützen eine partnerschaftliche Unternehmenskultur, sondern mischen selbst kräftig mit. Sie beobachten zum Beispiel Kunden, Lieferanten und Wettbewerber sehr genau, um neue Ansätze zu entdecken.

Stellen Sie sich zusätzlich folgende Fragen:

- Sind Toleranz, Neugier und Lernen Werte, die in Ihrer Unternehmenskultur gelebt und gefördert werden?

- Wird Unvorhersehbares, Kritisches, Widerspruch und Unbekanntes in Ihrem Unternehmen als Diskussionsgrundlage betrachtet oder als „richtig" oder „falsch" bewertet?

- Wie reagieren Sie, wenn Sie Sätze wie „Das haben wir schon immer so gemacht" oder „Haben wir alles schon probiert, funktioniert nicht" hören?

- Ermöglichen Sie den Mitarbeitern den Austausch in Netzwerken und mit Menschen, die unterschiedliche Ideen und Denkweisen mitbringen?

»Wir müssen der Wandel sein, den wir in der Welt zu sehen wünschen.«
Mahatma Gandhi

7. Zuerst geben!

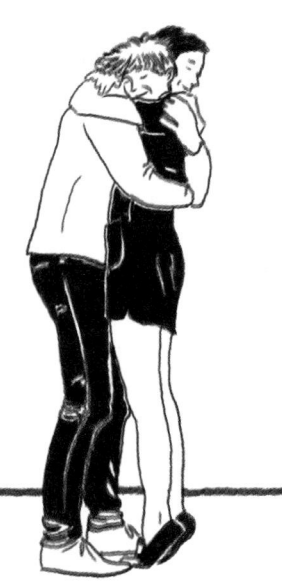

Stellen Sie sich eine Welt vor, in der jeder bedingungslos gibt, wovon er im Überfluss hat – was können wir alles gemeinsam erreichen, welche Herausforderungen könnten wir meistern und in was für eine Welt würden wir leben?

Wenn wir von der Nutzung externer Ressourcen und der Arbeit in Netzwerken, Communitys, mit Freien und von Kooperationen sprechen, sind wir gleich bei einem weiteren Punkt des Startup Codes: bei der Frage, wie gehe ich mit anderen um? Leider herrscht vielfach Misstrauen gegenüber den anderen, besonders im Mittelstand. Man befürchtet, dass einem etwas weggenommen wird oder der andere besser wird als man selbst.

Ich sehe das anders. Wenn man jemandem Vertrauen schenkt, erhält man Vertrauen zurück. Ich habe keine Angst, etwas zu geben, ohne etwas zurückzubekommen, vielleicht erst später, aber es kommt immer etwas zurück. Und wenn ich doch einmal an jemanden gerate, der sich meines Vertrauens nicht würdig erweist oder es missbraucht, bin ich um eine Erfahrung reicher.

Wer denkt, er kann in der Zusammenarbeit mit anderen, in Netzwerken nur seinen eigenen Vorteil suchen, ist zum Scheitern verurteilt. Es geht nicht darum zu gewinnen (oder zu verlieren), sondern es geht darum, dass alle Beteiligten gewinnen beziehungsweise einen Nutzen aus der Zusammenarbeit ziehen können. In einem Ökosystem soll die Welt nicht in Gewinner und Verlierer eingeteilt, sondern es sollen Win-win-Konstellationen angestrebt werden. Den Nutzen aller zu mehren schafft langfristig gute Beziehungen.

Kennen Sie die Geschichte von den Delfinen und den Haien? Die Amerikaner Dudley Lynch und Paul Kordis führen uns in dieser Parabel am Beispiel von Delfinen und Haien das menschliche Verhalten vor. Unternehmerischer Erfolg wird oft den Haien zugeschrieben, jenen Raubtieren, die andere fressen, kontrollieren, aggressiv und egoistisch sind. Nach Lynch und Kordis versuchen die Haie ihren Nutzen zulasten anderer zu optimieren, doch langfristig kommt dabei für sie nichts heraus, denn am Ende ist es ein Nullsummenspiel. Delfine dagegen verbinden Wünsche und Ziele mit ihren Handlungen und erhöhen damit noch den Nutzen für alle.

Die Haie unter den Unternehmern und Führungskräften sind eine aussterbende Spezies. Kein Kunde möchte zum Abschluss „gezwungen" werden, kein Mitarbeiter möchte mehr als Befehlsempfänger behandelt werden. Das Win-win-Denken gilt sowohl in der Kunden- und Lieferantenbeziehung als auch bezüglich der Mitarbeiter und in Netzwerken. Netzwerke sind am erfolgreichsten, wenn alle einen Nutzen daraus haben.

Man mag von solchen Parabeln halten, was man will, aber ich bin absolut überzeugt davon, dass künftig der Win-win-Spieler das neue Leitbild unserer Unternehmenskultur sind wird. Nur Unternehmen, die zum Vorteil aller mit anderen zusammenarbeiten, werden dauerhaft erfolgreich sein, die Anerkennung ihrer Kunden erhalten und die besten Mitarbeiter bekommen.

Stellen Sie sich folgende Fragen:

- Welche Möglichkeiten der Zusammenarbeit mit anderen kennen und nutzen Sie (Netzwerke, Kompetenzzentren, Cluster, Institute, Universitäten, andere Unternehmen etc.)?

- Was ist Ihre Intention dabei? Welche Vorteile und welche Nachteile sehen Sie?

- Was können Sie in Netzwerke einbringen?

- Welchen Nutzen ziehen Sie aus Netzwerken und der Zusammenarbeit mit anderen?

- Welchen Nutzen haben Ihre Mitarbeiter dadurch, dass sie für Ihr Unternehmen arbeiten – abgesehen vom monatlichen Gehalt?

Die Arbeit in Netzwerken ist kein Selbstzweck, sondern vor allem eine Unterstützung beim Business Development beziehungsweise bei der Geschäftsfeldentwicklung. Business Development ist ein kontinuierlicher

Prozess, der meistens auf einem interdisziplinären Ansatz beruht. Dabei ist es wichtig, bestehende Denkmuster infrage zu stellen und sich auf neue Fragestellungen einzulassen. Das geht am besten interdisziplinär und branchenübergreifend. Die Kunden- und Außensicht ist dabei essenziell.

Die Netzwerkpartner können ihr Fachwissen, Technologie und Kreativität dafür nutzen, eigene Produkte und Dienstleistungen weiterzuentwickeln, gemeinsame zu entwickeln oder die Marktreichweite auszudehnen, ohne dafür jeweils eigene Ressourcen aufbauen zu müssen.

»Gebt, so wird euch gegeben.«
Lukas 6,38

Bilder wirken direkt

Ich wünsche Ihnen, dass es in Ihrem Unternehmen gelingt, eine Startup-Kultur zu etablieren, die Sie und Ihre Mitarbeiter dabei unterstützt, den Weg der digitalen Transformation zu gehen. Bedenken Sie bei allem, was Sie tun: Genauso wie im Wesentlichen unsere Gehirnstruktur dafür verantwortlich ist, dass wir grundsätzlich veränderungsavers sind, ist sie auch dafür verantwortlich, dass wir viel besser mit Bildern als mit gesprochenen Worten zurechtkommen. Bilder können uns im Nullkommanichts überzeugen, während vernünftige Erläuterungen fast keine Wirkung zeigen.

Also entwickeln Sie eine Vision, ein positives Bild der digitalen Zukunft, das Ihre Mitarbeiter begeistert – nichts Kompliziertes, etwas Einfaches. Der ehemalige US-Präsident Barack Obama hat damit seinen ersten Wahlkampf gewonnen: „Yes we can." In diesem einfachen Slogan waren die Wünsche und Hoffnungen aller seiner Wähler verpackt. Für sie alle war klar: Mit Obama zusammen werden wir etwas verändern – für uns.

Miteinander: Unterstützung für Stay

In diesem Buch habe ich viel über Netzwerke, Ökosysteme und das Prinzip „zuerst geben" geschrieben. Damit das nicht nur Gerede bleibt, möchte ich Ihnen, liebe Leserinnen und Leser, zum Schluss Stay vorstellen: eine Stiftung, die nicht nur ein Startup ist, sondern auch anderen auf die Beine hilft – mit einer neuen Form von Entwicklungshilfe.

Von jedem verkauften Buch werden zehn Prozent des Erlöses an diese junge Organisation gespendet. Und vielleicht ist der eine oder andere von Ihnen ebenso von dieser Organisation begeistert wie ich und möchte sie selbst unterstützen, entweder durch eine Spende oder in anderer Weise, zum Beispiel durch das eigene Netzwerk oder Zusammenarbeit. Ich würde mich darüber sehr freuen.

Unternehmerische Form der Entwicklungshilfe

Nach langjähriger ehrenamtlicher Tätigkeit in der Entwicklungshilfe gründete Benjamin Wolf als Kontrapunkt zu klassischen Ansätzen im Jahr 2013 mit Freunden die Stiftung Stay. Das Ziel: neue Methoden für die Entwicklungszusammenarbeit entwickeln; Projekte, die in sozialer Hinsicht wirkungsvoll sind, aber vor allem auch dauerhaft, indem sie sich systematisch daran ausrichten, ideell wie finanziell selbsttragend zu sein. Aus der Enttäuschung über die klassische Entwicklungshilfe entwickelte Wolf mit der Stiftung Stay einen völlig neuen Ansatz: unternehmerische Entwicklungsarbeit. Nach dem Motto: „Wenn soziale Leader sich verbünden, können sie jedes Land der Welt verändern", schmiedet Stay in Entwicklungsländern Bündnisse einheimischer sozialer Unternehmertypen und schafft damit eine Art Inkubator für Sozialunternehmen und NGOs, die die Entwicklung ihres Landes von innen heraus vorantreiben.

Der Status quo – gescheitert

Während seiner langjährigen Tätigkeit hatte Wolf zuvor erlebt, dass Projekte oft von westlichen Hilfsorganisationen initiiert, gesteuert und finanziert werden. Selbst wenn mit „Hilfe zur Selbsthilfe" betitelt, war diese Form der Hilfe zwar gut gemeint, führte aber nicht zur Selbstständigkeit, sondern zu neuen Abhängigkeiten. Dennoch ist dieses Muster typisch für die Entwicklungshilfe der letzten Jahrzehnte.

Viele Menschen haben von leer stehenden Krankenhäusern, von versandeten Brunnen oder von Traktoren gehört, welche die Landwirtschaft effizienter machen sollten, aber nur herumstanden und vor sich hin rosteten. Viele Projekte großer westlicher Organisationen überlebten die meist nur ein- bis dreijährige Förderdauer kaum und brachen zusammen, sobald die Finanzmittel ausblieben. Projekte kleinerer westlicher Organisationen bestehen zwar oft über Jahre oder Jahrzehnte, aber letztlich vor allem, weil die Finanzierung weiter von außen getragen wird. Die Verantwortung für missglückte Entwicklungshilfe wird oft den Einheimischen zugeschrieben. Aber liegt es wirklich daran, dass die von außen initiierten Projekte von den Bewohnern eines Landes nicht weitergeführt werden?

Der Perspektivenwechsel

Auf diese Kritik und solche Beobachtungen wollte Wolf reagieren und überlegte, wie ein Projekt aufgestellt sein müsste, um langfristig zu funktionieren und sich idealerweise sogar selbst weiterzuverbreiten. Auf seinen Reisen durch verschiedene afrikanische Länder hatte er Projekte und Organisationen kennengelernt, die von Einheimischen initiiert und geleitet wurden. Es gibt sie also, die Einheimischen, die selbst Verantwortung für die Entwicklung ihrer Gesellschaft übernehmen, die auf unternehmerische Art soziale Probleme lösen und damit ihren Mitmenschen helfen.

In diesen Organisationen waren die Lösungsansätze im Wesentlichen von Einheimischen selbst entwickelt worden. Also von Menschen, die mit der Kultur und Sprache vertraut sind und die die Bedürfnisse ihrer Mitmenschen kennen oder sie selbst erfahren haben, Bedürfnisse wie Gesundheitsversorgung, Zugang zu Bildung und eigenes Einkommen. Eigentlich liegt es auf der Hand: Niemand kann die Bedürfnisse eines Landes besser beurteilen als seine Bewohner, also müssen diese auch gefragt werden.

Vor allem aber haben Einheimische, weil es um Heimat geht, die größte und langlebigste Motivation, erfolgreiche Projekte in ihrem Land zu betreiben.

Deshalb wollte Wolf sie nicht nur nach den wahren Bedürfnissen fragen, sondern sie sogar zum tragenden Fundament der Projekte machen. Er fragte sich, welche Personen man konkret fördern müsste, damit diese Organisationen wachsen. Wer ist am erfahrensten und hat den längsten Atem? Die Antwort war dieselbe wie bei allen Startups: Es sind die Gründer, die Unternehmertypen, diejenigen, die hinter diesen Organisationen stehen, die sie nach ihrer Vision aus dem Nichts erschaffen haben; diejenigen, deren „Baby" die Organisation ist und die sich maximal mit ihr identifizieren; diejenigen, die alles für das Wachstum ihrer Organisation geben, und das über einen langen Zeitraum, oft ihr ganzes Leben lang. Die einheimischen Sozialunternehmer sind also der Schlüssel zu bedarfsgerechten und gleichzeitig langlebigen Projekten.

Das Problem bei der Sache ist jedoch, dass diese einheimischen Gründer von den Entwicklungshilfeorganisationen zu wenig wahrgenommen, gefördert und in der richtigen Weise unterstützt werden. Es geht nicht um Almosen oder fertig gedachte Programme aus westlicher Sicht, sondern darum, Unternehmertum zu fördern. Unternehmen sind erfolgreich, wenn sie sich selbst finanzieren können, eigene Entscheidungen treffen, Bündnisse mit anderen eingehen und von Menschen geführt werden, die unternehmerisch denken, handeln und andere Menschen begeistern können.

Der Weg

Mit dem neu gewonnenen Bewusstsein, dass es eine selbst initiierte Entwicklungshilfe gibt, diese aber ihr Entwicklungspotenzial nicht ausschöpfen kann, gründete Wolf deshalb mit Freunden in Stuttgart eine Stiftung. Sie sollte ein Konzept dafür entwickeln, wie diese einheimischen Organisationen weiterwachsen, sich ausbreiten und Bestand haben können. Statt „Besserwissen" von außen ein „Bessermachen" von innen war das Ziel.

Um das „Bessermachen" zu fördern, lohnt sich ein Blick in die Wirtschaft. Warum sollte etwas, was bei Unternehmern üblich ist, bei Sozialunternehmen nicht funktionieren: das Netzwerken? Diese Überlegung ist naheliegend, denn jeder kennt es aus dem eigenen Umfeld, von Sportvereinen oder Familien. Netzwerken bedeutet den Aufbau und die Pflege von persönlichen Kontakten mit dem Ziel, potenzielle Geschäftspartner, Kunden oder Mitarbeiter kennenzulernen, Empfehlungen und Erfahrungen auszutauschen oder sich zusammenzuschließen, um mit einer Stimme zu sprechen. Da Vertrauen im persönlichen Kontakt schneller wachsen kann, kommen Kooperationen hier schneller zustande.

Zusammen statt einzeln

Gemeinsam mit seinen Freunden erarbeitete Wolf das Konzept der „Stay Alliance", ein Dachverband von einheimischen SozialunternehmerInnen und ihren NGOs. Dabei knüpfte er an bekannte Mängel bestehender Entwicklungshilfe an und konzipierte ihn als Projekt, das neben der Wirksamkeit vor allem auch selbsttragend ist. So besteht es über die reine Förderdauer hinaus und verbreitet sich sogar selbst weiter. Genau betrachtet ist diese Stay Alliance ein Startup-Unternehmen von Einheimischen für Einheimische und damit für die Zukunft des eigenen Landes.

Aber was macht die Stiftung Stay, wenn die SozialunternehmerInnen sich gefunden haben? Sie können in dem von Stay initiierten und in der Startphase getragenen Bündnis Stay Alliance alle Vorteile des Netzwerkens für sich nutzen. Als Verband kann die Stay Alliance ihre Mitglieder darüber hinaus beraten und auf vielseitige Weise fördern, um ihre Projekte noch erfolgreicher zu machen und systematisch auf Refinanzierung auszurichten. Sie ermöglicht diesen Führungspersönlichkeiten den Austausch von Erfahrungen, fachliche und persönliche Fortbildungen sowie die Verabredung direkter Kooperationen, durch die sie ihre Projekte in alle Landesteile tragen. Und mit der Funktion der Vertretung kann sie sogar eine politische Stimme erheben und so den nationalen Diskurs über Entwicklung durch die Perspektive der einheimischen Organisationen vorantreiben.

Auch Fördermittel und Stipendien sind Teil der Leistungen, denn diesen sozialen Unternehmen fehlt es an finanzieller Unterstützung, um ihr Entwicklungspotenzial voll auszuschöpfen. Hier fungiert die Stiftung Stay auch als Mittler, durch den Unternehmen, Stiftungen und Privatpersonen aus Industrienationen Gelder für den Ausbau der bestehenden Sozialunternehmen zu dauerhaft tragfähigen Strukturen im Land bereitstellen können.

Der Ritterschlag

Während einer Kenia-Reise 2012 hatte Wolf Gelegenheit, mit James Shikwati, Direktor des Inter Region Economic Network (IREN), über die Ansätze und Konzepte der Stay Alliance zu sprechen. Der kenianische Ökonom ist ein großer Gegner von Entwicklungshilfe, doch das Prinzip der Stay Alliance sagte ihm zu. „Das Gespräch mit Shikwati war eine der härtesten Prüfungen für unser Konzept", sagt Wolf. „Dass er mich ermutigt hat, diesen Weg weiterzugehen und unser Projekt zu realisieren, war wie ein Ritterschlag."

Der weltbekannte kenianische Ökonom und Kritiker der klassischen Entwicklungshilfe **James Shikwati** ist ein durch und durch liberaler Denker. Die westliche Hilfsindustrie untergrabe den Antrieb der Menschen, selbst aktiv zu werden, hemme das Wirtschaftswachstum und schaffe neue Abhängigkeiten, lauten seine Hauptvorwürfe. Der Sohn westkenianischer Landwirte begann seine akademische Karriere als Hochschuldozent für Geografie. An der Universität gründete er einen Diskussionszirkel, in dem über Ursachen und Lösungen für Afrikas Armutsproblem gestritten wurde. „Offene Märkte und die Möglichkeit, Unternehmen aufzubauen, sind der Schlüssel für die Entwicklung", ist Shikwati überzeugt. Während in Entwicklungsorganisationen oft von einem „Global Village" die Rede ist, in dem die Welt solidarisch zusammenrückt, sieht der streitbare Mann die Welt als „Global Jungle", in dem man eine Überlebensstrategie benötige. Und an dieser Strategie mangle es Afrika nach wie vor.

Das Pilotprojekt „LATEK Stay Alliance Uganda"

2012 begann Wolf, die Stay Alliance in Uganda umzusetzen. Er verknüpfte seine Kontakte zu ugandischen NGOs zu einem Netzwerk. Dieses startete mit drei Sozialunternehmern, an die Stay vor allem Stipendien zur Ausbildung von Hilfskrankenschwestern und Lehrerinnen vergab. Alle Stipendiaten schlossen ihre Ausbildung 2015 und 2016 erfolgreich ab und verbreiten nun ihr neu erworbenes Wissen unter ihren Kollegen, geben Unterricht und behandeln Patienten.

Mehr Gesundheit auf dem Land

Die Stiftung Stay stellt Ausbildungsstipendien für lokale Multiplikatoren zur Verfügung. In Zusammenarbeit mit dem ugandischen Partner RUHE-PAI werden 68 Gesundheitshelfer ausgebildet und so die medizinische Versorgung von rund 12.000 Menschen verbessert. Jeder Gesundheitshelfer betreut rund 30 bis 40 Familien in seinem Dorf, das entspricht etwa 200 Kindern, Frauen und Männern. Im Rahmen dieses Patensystems können sie eine individuelle und absolut lebensnahe Beratung der einzelnen Familien durch Hausbesuche leisten. Sie sorgen etwa dafür, dass in der Nähe von Latrine und Küche der Familie praktische Waschgelegenheiten und Seife für die Hände zu finden sind. Auf diese Weise erreichen die Helfer die Familien dort, wo sie leben – in den ländlichen Gebieten.

Bildung für alle

Nsubuga Geoffrey Simbwa, der Gründer von Somero, ist in den Slums von Kampala, Uganda, aufgewachsen. Er wollte sich mit der Situation dort nicht abfinden, eignete sich selbst immer mehr Wissen an und baute ein kleines Netzwerk auf. Als ihm ein Deutscher, der für eine soziale Organisation arbeitete, einen Laptop überließ, hatte er erstmals Zugang zu fast grenzenloser Information und damit die Chance, seine Bildung selbst in die Hand zu nehmen. Als ihn 2009 auf Umwegen eine Laptop-Spende aus Indien erreichte, gründete er in den Slums von Kampala das Ausbildungszentrum Somero. Heute bietet es mit 21 Mitarbeitern Ausbildungsgänge in den Bereichen Grafik, IT, Sekretariat, Schneiderei und Strickerei sowie Hairstyling an.

Die sechsmonatige Ausbildung kombiniert Theorie und Praxis und schließt mit einem Zertifikat ab, das zur Teilnahme an weiterführenden Kursen mit von der Regierung offiziell anerkanntem Abschluss berechtigt. Um sicherzustellen, dass der Grundsatz der Armutsbekämpfung auch nach der Ausbildung weitergeführt wird, kann das Zertifikat von Somero im Nachhinein entzogen werden, sollte der Inhaber gegen die Richtlinien der Organisation verstoßen, etwa indem er seine Mitarbeiter ausbeutet. Geoffrey eröffnet mit Somero auch den Ärmsten den Zugang zu Bildung und somit die Möglichkeit, aus der Armutsspirale auszubrechen.

Projekt im Bereich Wirtschaft

„Eco-Agric Uganda" hat laut eigenen Angaben 64.000 Mitglieder und bietet Ausbildungen in verschiedenen Handwerken und landwirtschaftliches Wissen an. Um so weit zu kommen, musste die Dorfgemeinschaft dafür sensibilisiert werden, dass durch den Zusammenschluss alle mehr erreichen und voneinander lernen können. So achten die Mitglieder heute beispielsweise darauf, dass sich gegenseitig ergänzende Pflanzen angebaut werden, damit der Boden weniger ausgelaugt wird. Daneben produzieren sie natürlichen Dünger, der den Boden mit Nährstoffen versorgt. Faraziyo hat wie viele andere Frauen ihren Mann und einen Sohn durch Aids verloren und lebt nun mit ihren zwei Kindern und vier Enkeln zusammen, die allesamt Waisen sind. Durch eine sogenannte Spargruppe erhielt sie die Chance, ihre kleine Landwirtschaft auszubauen.

Für umgerechnet 12,50 Euro kaufte sie sich zum Beispiel ein Ferkel, das sie schon nach wenigen Monaten für 50 Euro verkaufen konnte. Dies entspricht in der Stadt einem Monatsgehalt. Da Arbeitsplätze auf dem Land rar sind, ist die Landwirtschaft für Faraziyo fast die einzige Chance, Geld zu verdienen. In der Spargruppe spart jedes Mitglied jede Woche zwischen 50 Cent und 1,25 Euro. Mit dem gesparten Geld können Kredite vergeben werden.

Nach diesem erfolgreichen Schritt begann der Aufbau des Dachverbands, der im April 2016 30 Sozialunternehmen umfasste. Diese trafen sich 2016 in mehreren Workshops, um selbst detailliert auszuarbeiten, wie sie künftig zusammenarbeiten wollen. Einer der Teilnehmer beschrieb seine Erwartungen so: „Ich erwarte mir von der Stay Alliance, im Austausch mit anderen Sozialunternehmen neue Fähigkeiten im Bereich des Social Entrepreneurship zu erwerben." Der neu gewählte Name des Dachverbands bringt es auf den Punkt: „LATEK Stay Alliance Uganda" bedeutet übersetzt „Wir sind stark".

Das Ziel ist es nun, den Dachverband auszubauen, dessen finanzielle Mittel die Mitglieder bereits jetzt teilweise selbst erwirtschaften, um langfristig unabhängig zu sein. Unternehmen, die Mitglied dieser Allianz werden wollen, müssen zusätzlich zu einem Konzept in den Bereichen Bildung, Gesundheit und Wirtschaft nachweisen, dass dabei auch an die Eigenfinanzierung gedacht wurde.

Die LATEK Stay Alliance Uganda ist ein Bündnis einheimischer Sozialunternehmen mit erfahrenen und hoch qualifizierten Experten, die vor Ort verwurzelt sind und eigene Sozialunternehmen gegründet haben. Gemeinsam bauen sie im ganzen Land selbst Gesundheitsstationen, Schulen, Landwirtschafts- und Frauengruppen auf. Sie koordinieren gemeinsame Projekte, tauschen Erfahrungen und Know-how aus, erhalten Weiterbildungen und Stipendien für Mitarbeiter. So werden diese Sozialunternehmen auch über die Landesgrenzen hinaus wahrgenommen und können sich von innen heraus stärken.

Es funktioniert – erste Erfolge

2017 machten sich Ehrenamtliche von Stay aus Stuttgart auf die Reise nach Uganda, um bei der ersten Vollversammlung der eingetragenen „LATEK Stay Alliance Uganda" dabei zu sein und so mit eigenen Augen zu sehen, ob die Idee, für deren Verbreitung sich heute in Deutschland über 60 Ehrenamtliche einsetzen, tatsächlich Realität geworden ist. Sie erlebten persönlich die SozialunternehmerInnen, die sich mit dem von ihnen selbst gegründeten Verband voll identifizieren und sich zum Beispiel im Vorstand und in diversen Komitees auch selbst stark ehrenamtlich engagieren. Und sie besuchten die Projekte, die von diesen Einheimischen initiiert worden sind, die sich nicht nur um die Säulen für Lebensqualität wie Gesundheit, Bildung und Wirtschaft ranken, sondern auch immer die Eigenfinanzierung im Blick haben.

Die Reise nach Uganda hat gezeigt, dass die Idee der Stiftung realistisch ist und langfristig funktionieren kann. Die Stay Alliance geht einen neuen, nachhaltigen Weg, weil sie auf „einheimische Entwicklungshelfer" setzt und eine Veränderung von innen heraus verstärkt. Durch die aktive Zusammenarbeit der Sozialunternehmen in Uganda entstehen Ideen, die zu den Lebensumständen und Bedürfnissen der Menschen passen; Ideen, die realistisch sind und mit denen sich alle identifizieren können.

Togetherness = Miteinander

Die „LATEK Stay Alliance Uganda" hat ihre Arbeit aufgenommen und lebt bereits das Miteinander mit der Stiftung Stay in Stuttgart. Denn diese bleibt fördernd, bis die Projekte sich selbst tragen. Dabei wird Wert darauf gelegt, die Zusammenarbeit gemeinsam zu gestalten. Dies bezieht sich auch auf gegenseitige Information über Neues und Bestehendes. Denn die Stiftung will mehr: Sie möchte die funktionierende Idee der Einheimischen, die Entwicklungshilfe in ihrem eigenen Land machen, in andere Länder tragen. Dazu braucht es mehr als unermüdliche Ehrenamtliche und Praktikanten aus verschiedenen Studiengängen. Die Herausforderung in Deutschland liegt darin, Unternehmen und Privatleute für Investitionen in die Sozialunternehmen in Entwicklungsländern zu finden.

Für eine Entwicklung, die bleibt

2015 startete Stay in Stuttgart die Kampagne Unternehmer für Unternehmer – Stuttgart. Einheimische Sozialunternehmer in Uganda bauen ihr Land von innen auf – Stay und deutsche Unternehmer fördern sie dabei durch Investitionen, die eine soziale Rendite bringen. Mit der Stiftung Stay können deutsche Unternehmen Sozialunternehmen in Entwicklungsländern unterstützen, die den Menschen des Landes eine Chance selbstverantwortlich Absicherung der eigenen Gesundheit, Bildung und des Lebensunterhalts geben.

Mehr Informationen unter ☐ *startup-code.de/stay*

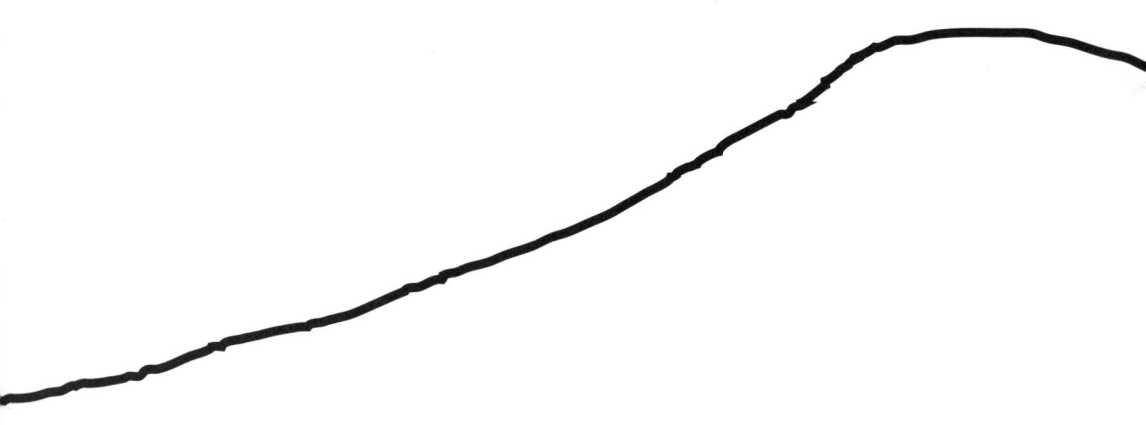

Über den Autor

Johannes Ellenberg ist Unternehmer und Vortragsredner aus Stuttgart. Er lebt das Unternehmertum wie kaum ein anderer und glaubt an dessen transformative Kraft.

Seine große Mission ist es, Menschen bei ihren ersten Schritten in die unternehmerische Freiheit zu unterstützen und Startup-Mindset in etablierte Unternehmen zu bringen.

2011 gründete er mit Partnern den Verein Startup Stuttgart e.V. und ein Jahr später die Accelerate Stuttgart GmbH.

Gemeinsam mit seiner Frau und seinen Kindern lebt er auf dem Land in der Nähe von Stuttgart.

Arbeiten mit Johannes Ellenberg

Als Vortragsredner und Coach begleitet Johannes ausgewählte Unternehmen bei ihrer Transformation in die digitale Welt.

E-Mail: hallo@johannesellenberg.com
Telefon: +49 711 1842 99 49

www.johannesellenberg.com

Charmanter Strich

Jay (Jedrzej) Golecki ist Designer und Illustrator.
Bekommen Sie bestimmte Bilder einfach nicht aus ihrem Kopf?
Jay befreit Bilder aus Köpfen und bringt sie auf Screen und Papier.

Nach seiner Zeit bei diversen Hamburger und Stuttgarter Agenturen
arbeitet er seit 2014 als Freelancer. Er berät Unternehmen in
Kommunikationsfragen und unterstützt sie bei ihren Projekten.

Er lebt und arbeitet in Esslingen am Neckar.

Arbeiten mit Jedrzej Golecki
Gerne unterstützt er Sie mit einem Kommunikations-Workshop
oder realisiert mit Ihnen Ihr nächstes Projekt.

E-Mail: j.t.golecki@gmail.com
Telefon: +49 176 201 86 274

www.jedrzej-golecki.com

**Benjamin Wolf im Gespräch mit einer
Sozialunternehmerin aus Uganda**

stay

ENTWICKLUNG,
DIE BLEIBT.

Investieren Sie in Stay, eine Entwicklung, die bleibt!

Nach langjähriger ehrenamtlicher Tätigkeit in der Entwicklungshilfe gründete Benjamin Wolf als Kontrapunkt zu klassischen Ansätzen im Jahr 2013 mit Freunden die Stiftung Stay. Das Ziel: Neue Methoden für die Entwicklungszusammenarbeit entwickeln; Projekte, die in sozialer Hinsicht wirkungsvoll sind, aber vor allem auch dauerhaft, indem sie sich systematisch daran ausrichten, ideell wie finanziell selbsttragend zu sein. Aus der Enttäuschung über die klassische Entwicklungshilfe entwickelte Wolf mit der Stiftung Stay einen völlig neuen Ansatz: Unternehmerische Entwicklungsarbeit. Nach dem Motto: „Wenn soziale Leader sich verbünden, können sie jedes Land der Welt verändern", schmiedet Stay in Entwicklungsländern Bündnisse einheimischer sozialer Unternehmertypen. Und schafft damit eine Art Inkubator für Sozialunternehmen und NGOs, die die Entwicklung ihres Landes von innen heraus vorantreiben.

Kontakt zu Stay
welcome@stay-stiftung.org
+49 711 65 81 684

Spendenkonto
KONTOINHABER: STAY
BANK FÜR SOZIALWIRTSCHAFT
IBAN: DE7160120500000874300
BIC: BFSWDE33STG

www.stay-stiftung.org

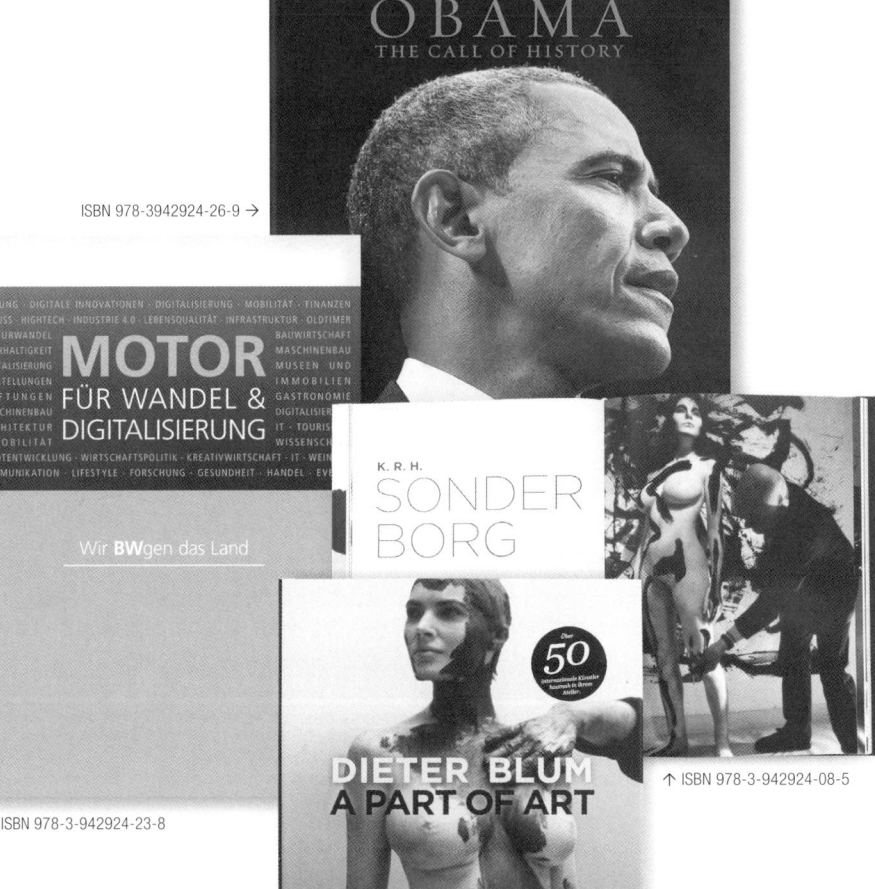

OBAMA
THE CALL OF HISTORY

ISBN 978-3942924-26-9 →

BILDUNG · DIGITALE INNOVATIONEN · DIGITALISIERUNG · MOBILITÄT · FINANZEN
GENUSS · HIGHTECH · INDUSTRIE 4.0 · LEBENSQUALITÄT · INFRASTRUKTUR · OLDTIMER
KULTURWANDEL   BAUWIRTSCHAFT
NACHHALTIGKEIT   MASCHINENBAU
DIGITALISIERUNG   MUSEEN UND
AUSSTELLUNGEN   IMMOBILIEN
STIFTUNGEN   GASTRONOMIE
MASCHINENBAU   DIGITALISIER
ARCHITEKTUR   IT · TOURIS
E-MOBILITÄT   WISSENSCH
STADTENTWICKLUNG · WIRTSCHAFTSPOLITIK · KREATIVWIRTSCHAFT · IT · WEIN
KOMMUNIKATION · LIFESTYLE · FORSCHUNG · GESUNDHEIT · HANDEL · EVE

MOTOR
FÜR WANDEL &
DIGITALISIERUNG

Wir **BW**gen das Land

K. R. H.
SONDER
BORG

Über
50
internationale Klassiker
besuchte in ihren
Ateliers.

DIETER BLUM
A PART OF ART

STATUS VERLAG

↑ ISBN 978-3-942924-23-8

↑ ISBN 978-3-942924-08-5

status verlag **EDITION CANTZ** status / startup

Startup im Status Verlag

Die Verlagsgeschichte ist noch jung. Sie begann vor 12 Jahren mit den Büchern „Stuttgart: Mein Motor" und „Motor der Mobilität – Metropol Region Stuttgart". Schnell machte sich der Status Verlag einen Namen mit Rang und Ruf, weit über Stuttgart hinaus. Als Teil der WURZEL Mediengruppe ist er auf die Produktion und Herausgabe außergewöhnlicher Bücher spezialisiert. Im Jahr 2017 wurden dessen Aktivitäten durch die Verlagsmarke Edition Cantz und die Produktreihe Cantz-Kunsteditionen erweitert.

Für Kunst, Kultur und Design
Die Edition Cantz bietet der Kunst- und Kulturwelt eine Verlagsheimat, die auf Nachfrage von Museen, Galerien, Künstlern und Kulturschaffenden entstand. Gleich zu Beginn gelang es, die Vertriebsrechte der amerikanischen Originalausgabe „Obama – The Call of History" für Deutschland, Österreich und die Schweiz zu sichern.

Für alle, die Kunst lieben
Die Cantz-Kunsteditionen runden das Verlagsprogramm ab. In enger Zusammenarbeit mit Künstlern und Experten und durch die Verbindung neuester Techniken mit dem Können erfahrener Drucker werden hier originalgetreue Druckergebnisse in limitierten Auflagen geschaffen. So bietet sich vielen Menschen die Chance, Künstlern und Kunstwerken näherzukommen.

Für eine starke Region
Seit der Gründung werden im Status Verlag Publikationen konzipiert und aufgelegt, die einen ganz eigenen Status in Gehalt und Gestaltung haben. Dazu gehören Bücher über Wirtschaft, Kultur und Leben in Baden-Württemberg, wie beispielsweise Standortmarketing-Titel, Fotobände, Sachbücher und Biographien. Die erfolgreiche Kooperation mit Stuttgart, der Region und dem Land mündet aktuell in der Neuerscheinung „MOTOR für Wandel und Digitalisierung – Wir BWgen das Land".

Startup Kultur
Baden-Württemberg ist ein Standort von Erfindern und Machern. Nicht ohne Grund wird die Startup Kultur hier groß geschrieben. Dies nehmen wir zum Anlass eine neue Buchreihe in unserem Verlag zu starten.

Status-Verlag GbR · Dieselstraße 50 · 73734 Esslingen · Fon +49.711.4405-213 · **status-verlag.de**